振動・波動
講義ノート

岡田 静雄・服部 忠一朗
高木 淳 ・村中 正 著

共立出版

振動・波動　講義ノート

序文

　本書は，著者らが平成 21 年に刊行した『力学　講義ノート』に引き続き，工学系学生が半年間で学習する振動・波動の教科書として執筆したものである．筆者らが在職する愛知工業大学に限らず，昨今工科系学生の入学時における物理，数学の学習歴の違いは非常に大きく，大学で学習する物理学を履修する前の導入教育はもちろんのこと，大学の物理学の教科書や授業においても工夫や見直しが必要である．本書では，できるだけ学生が理解しやすく，興味を持って授業に臨めるような教科書を目指したものである．

　まず，半年間（90 分×15 回授業）で指導できる授業内容を考慮し，波動の学問としての流れを理解する上で必要と考えられる内容に限定して構成した．通常の教科書と同様に単振動から始まる振動現象から説明し，振動の伝播として直接波動へと展開しているが，これまでの教科書でよく目にする連成振動や連続体の振動は割愛した．波動の中核をなす波動方程式については，1 次元での表現を中心とし，3 次元での表現は最小限にとどめた．結果，反射・屈折に関わる内容は，波動方程式を用いない記述とした．また，エネルギーに関する内容は，できるだけ平易な表現を用いて記述するよう心掛けた．光の干渉・回折に関する内容は最小限にとどめた．

　一方で，振動・波動を理解するために必要な数学（三角関数，微分方程式，複素数および複素平面，フーリエ級数）については，比較的記述量を多くするよう心掛けた．学生諸君がそれぞれの専門で，それらの数学的知識を必要とする場面を考慮してのことである．したがって数学的内容については，必要な段階で本文中に記述するとともに，再度巻末に付録としてまとめて記述した．さらに，傍注を活用して多くのコメントや図を入れ，できるだけ理解しやすいように配慮した．また，本文中の内容を確認したり議論を深めるために例題や課題を配置し，学生諸君のさらなる理解のために章末問題を配置した．

　工学系の学生にとって，力学，波動などの基礎物理学は専門分野の基礎となる重要な学問である．学生諸君が，本教科書を通じて振動・波動の知識を修得し，これまで科学者が明らかにしてきた科学的自然観の一端に触れるとともに，科学的なものの見方や合理的な考え方を身に付けることができればと期待する．

このような考えで執筆した本書であるが，十分に意を尽くせていない点もあると思うので実際に教科書として使ってみて，随時改善していきたいと考えている．併せて，本書に触れていただいた諸先生方や学生諸君からのご批判，ご指摘やご質問なども改善の一助となるので，よろしくお願いする次第である．

　最後に，同僚である一刀祐一氏には，貴重なご意見を頂いた．また，本書の出版を後押ししてくださった共立出版株式会社の南條光章社長と藤本公一氏，ならびに編集作業で大変お世話になった佐藤雅昭氏，中川暢子氏に心から感謝するものである．

2012 年 10 月

著者一同

目 次

第1章　はじめに　1
1.1　振動と波動　1
1.2　科学の言葉としての数学　1
1.3　三角関数と指数関数　2
　1.3.1　三角関数　2
　1.3.2　指数関数　4
1.4　講義ノートの構成　4

第2章　単振動　7
2.1　単振動の運動方程式とその解　7
　2.1.1　単振動の運動方程式　7
　2.1.2　単振動の解　8
2.2　単振動の特徴　9
　2.2.1　単振動と諸定数　9
　2.2.2　単振動のエネルギー　10
2.3　LC回路と振動電流　11
2.4　複素指数関数を用いた線形微分方程式の解法　12
　2.4.1　線形微分方程式と複素指数関数　12
　2.4.2　複素指数関数を用いた単振動の運動方程式の解法　13

第3章　減衰振動と強制振動　17
3.1　減衰振動　17
　3.1.1　減衰振動の運動方程式　17
　3.1.2　減衰振動の解　18
　3.1.3　減衰振動の特徴　19
　3.1.4　過減衰および臨界減衰　20
3.2　強制振動　22
　3.2.1　強制振動の運動方程式　22
　3.2.2　強制振動の解　23

	3.2.3 共振現象と位相の遅れ	25

第4章 単振動の合成と一般の周期運動　29

4.1 単振動の合成　29
4.1.1 角振動数が同じ単振動の合成　29
4.1.2 角振動数の異なる単振動の合成　30

4.2 一般の周期運動とフーリエ級数展開　31
4.2.1 周期運動　31
4.2.2 フーリエ級数展開　32

第5章 波動とその表現　35

5.1 波動　35
5.1.1 振動の伝播としての波動　35
5.1.2 媒質と波動の種類　36

5.2 波動関数　37
5.2.1 一般の波動関数　37
5.2.2 波形を変えないで進む波動　37

5.3 正弦波　38
5.3.1 正弦波の波動関数　38
5.3.2 正弦波を特徴づける諸定数　40
5.3.3 波動の強度　41

第6章 波動方程式と重ね合わせの原理　45

6.1 波動方程式　45
6.1.1 波形を変えないで進行する波動の波動方程式　45
6.1.2 弦を伝わる横波の波動方程式　46
6.1.3 弾性棒を伝わる縦波　48

6.2 波動方程式の線形性と重ね合わせの原理　50
6.2.1 波動方程式の線形性　51
6.2.2 波動の重ね合わせの原理　51
6.2.3 波動の干渉性と独立性　52

第7章 反射と屈折　55

7.1 空間を伝わる波動　55
7.1.1 空間を伝わる波動の波動方程式　56
7.1.2 平面波　56

		7.1.3 球面波	59

		7.1.4 波動の進行とホイヘンスの原理	60
	7.2	反射の法則	61
	7.3	屈折の法則	62
		7.3.1 屈折の法則と屈折率	62
		7.3.2 全反射	64
		7.3.3 レンズの法則	65

第 8 章　波のエネルギー伝達　　71

8.1	弦を伝わる波動の強度	71
8.2	弦を伝わる横波の端点での反射	73
	8.2.1 固定端反射	74
	8.2.2 自由端反射	75
8.3	2 つの弦の継ぎ目での横波の反射と透過	76
	8.3.1 入射波，反射波，透過波と境界条件	76
	8.3.2 反射波と透過波の振幅と位相	78
	8.3.3 反射率と透過率	79

第 9 章　干渉と回折　　83

9.1	干渉	83
	9.1.1 波動の強度と干渉	83
	9.1.2 ヤングの干渉実験	84
9.2	回折	87
	9.2.1 ホイヘンスの原理と回折	87
	9.2.2 回折格子	88

第 10 章　いろいろな波動　　91

10.1	いろいろな波形の周期的な波動	91
10.2	定常波	93
10.3	弦の固有振動	94
10.4	気柱の固有振動	96
10.5	波束	98

第 11 章　音波と光波　　103

11.1	音波	103
	11.1.1 音波と音速	103

    11.1.2 ドップラー効果と衝撃波 106
  11.2 光波 107
    11.2.1 電磁波 107
    11.2.2 偏光 109
    11.2.3 光の干渉現象 111
    11.2.4 光の回折現象 112

章末問題略解   **115**

付録   **121**

索引   **127**

第1章　はじめに

1.1　振動と波動

■ 振動と波動の現象は，自然科学の多くの分野に現れる．**振動**は，物体が平衡点を中心に揺れ動く運動であり，力学で学んだばね振り子の行う単振動が代表例である．電磁気学でも交流は回路中の振動電流の例である．また，**波動**は，連続的に拡がった物質中を，振動が伝わっていく現象である．

■ 水面に浮いた木片が上下に振動すると，水面に波が拡がっていく．人が声帯を振動させて声を出すと，その振動は音波として空気中を伝わり，伝えられた振動を耳で声として聞く．大きな被害をもたらす地震は，地殻の変動に伴い岩盤が振動し，それが地震波として地上に伝わってくる現象である．太陽から降り注ぐ光は電磁波という波の一種であり，我々は波長の異なる電磁波をラジオ・テレビや携帯電話など多くの機器に使っている．

■ 身の回りの自然現象のみならず，幅広く多様な工業製品に振動と波動の現象が応用されていることから，工科系の大学で学ぶ学生諸君にとって，振動と波動を学ぶことは大変に意義深い．しかし，この講義ノートに書いてあるのは振動や波動の基礎的な理論であり，共通の取り扱い手法である．それぞれの専攻分野で現れる振動・波動の現象に接した際に，この講義ノートで学んだ内容が，理解の礎となるであろう．

課題 1-1　自分の専門分野に関わる振動と波動現象を見つけよ．

1.2　科学の言葉としての数学

■ 自然科学の説明には，一般に使われる言語の他に，科学的な概念を表す**専門用語**と現象を理解し新たに発展させるために**数学**を用いる．専門用語の意味を理解するとともに，必要となる数学は必ず使いこなせるようになって欲しい．振動と波動を学ぶときにも，必要な数学の分野を復習したり，新たに学んだりすることになる．振動と波動の現象を分析するために必要な数学は，**三角関数**と**指数関数**であり，**微分方程式の解法**も必要である．この講義では，必要な段階で，数学の学習をしながら進めることにするが，特に，三角関数と指数関数は，この講義ノートを通じて常に使われるため，1.3 節において最初にまとめて復習することにする．

1.3 三角関数と指数関数

1.3.1 三角関数

■ **弧度法** よく知られている角度 θ の表示方法は，度数法と呼ばれる．度数法では，一周りの角度を $0°$ から $360°$ で表す．これに対して，図 1-1 のように，半径 r で長さが l の円弧を考え，その中心角 θ を

$$\theta \equiv \frac{l}{r} \tag{1.1}$$

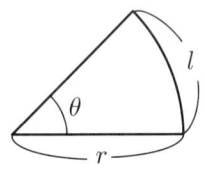

図 1-1 弧度法

で定義する．この表示方法を**弧度法**という．弧度法の角度の単位は rad と書き，ラジアンと読む．半径 r の円における円周の長さは $2\pi r$ であるから，一周りの角度は $2\pi\,\mathrm{rad}$ である．したがって，度数法と弧度法の換算は

$$360° = 2\pi\,\mathrm{rad} \tag{1.2}$$

である．単位 rad は，無次元量であるため省略されることが多い．以下，この講義ノートでは角度を表すのに必ず弧度法を用いる．

■ **三角関数の定義** 振動や波動を扱う上で重要な三角関数の中でも，特に重要な**正弦関数（sin 関数）**と**余弦関数（cos 関数）**を復習しよう．これらは当初，角度 θ が $0 \leqq \theta < \frac{\pi}{2}$ の場合に，直角三角形の三角比として定義されたものであるが，角度が $0 \leqq \theta < 2\pi$ の範囲まで，次のように拡張する．まず，図 1-2 のように，座標系 O-xy を考える．次に，x 軸の正方向と角度 θ をなす，長さ r の動径 OP を考え，点 P の座標を (x, y) としたとき，角度 θ の正弦関数と余弦関数はそれぞれ

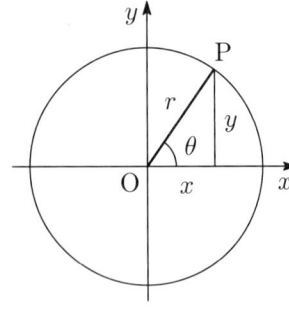

図 1-2 三角関数

$$\sin\theta \equiv \frac{y}{r}, \qquad \cos\theta \equiv \frac{x}{r} \tag{1.3}$$

と定義される．さらに，動径が原点 O の周囲を，何周かするときには，一周毎に角度を 2π だけ加えるものとし，逆に回ったときは負の値で表示すると約束する．この約束によって，正弦関数，余弦関数は，角度 θ が $-\infty < \theta < \infty$ の範囲の関数とみなすことができる．そして，この定義によって明らかなように，正弦関数と余弦関数は角度が 2π の何倍か違っても同じ値を持つことになる．このことを正弦関数と余弦関数は周期 2π の周期関数であると表現し，関係式

$$\sin(\theta + 2\pi) = \sin\theta, \qquad \cos(\theta + 2\pi) = \cos\theta \tag{1.4}$$

で特徴づけられる．

例題 1.1 次の値を求めよ． (1) $\sin\frac{\pi}{2}$， (2) $\cos\frac{\pi}{4}$， (3) $\sin\frac{\pi}{6}$

■ **三角関数のグラフ** 図 1-3 は，横軸が角度 θ，縦軸がそれぞれの関数値 $f(\theta) = \sin\theta$, $f(\theta) = \cos\theta$ を表すグラフである．いずれも，周期 2π の無限に続く関数であり，振動や波動現象を記述する上で，とても重要な関数である．正弦関数と余弦関数は別の関数ではあるが，

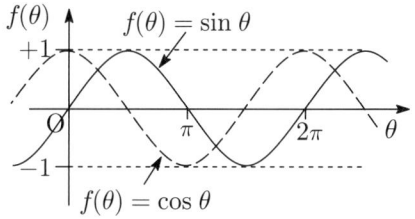

図 1-3 三角関数のグラフ

正弦関数のグラフを θ 軸に $\dfrac{\pi}{2}$ だけ平行に移動させると余弦関数を表すグラフに一致する．つまり，

$$\sin(\theta + \frac{\pi}{2}) = \cos\theta, \qquad \cos(\theta - \frac{\pi}{2}) = \sin\theta \tag{1.5}$$

が成立する．このため，正弦関数と余弦関数のうち一方の関数だけを用いて議論することもできる．

課題 1-2 正弦関数と余弦関数には，

$$\sin(-\theta) = -\sin\theta, \qquad \cos(-\theta) = \cos\theta, \tag{1.6}$$
$$\sin(\theta + \pi) = -\sin\theta, \qquad \cos(\theta + \pi) = -\cos\theta \tag{1.7}$$

という性質もある．これをグラフを用いて確かめよ．

課題 1-3 正接関数（tan 関数）は，$\tan\theta \equiv \dfrac{\sin\theta}{\cos\theta} = \dfrac{y}{x}$ で定義される．正接関数のグラフを描き，その周期が π であることを確かめよ．

■ **三平方（ピタゴラス）の定理** 定義式 (1.3) のそれぞれの両辺を 2 乗して和をとり，三平方の定理 $x^2 + y^2 = r^2$ を用いると，正弦関数，余弦関数の間には，角度 θ によらず，公式

$$\sin^2\theta + \cos^2\theta = 1 \tag{1.8}$$

が成り立つことがわかる[1]．

■ **加法定理** 2 つの角度の和の三角関数を，それぞれの角度の三角関数の値を用いて表すことができる．これを**三角関数の加法定理**という．正弦関数と余弦関数については

$$\sin(\theta_1 \pm \theta_2) = \sin\theta_1 \cos\theta_2 \pm \cos\theta_1 \sin\theta_2, \tag{1.9}$$
$$\cos(\theta_1 \pm \theta_2) = \cos\theta_1 \cos\theta_2 \mp \sin\theta_1 \sin\theta_2 \tag{1.10}$$

である．

■ **微分と積分** 正弦関数と余弦関数の微分公式は，

$$\frac{d}{d\theta}\sin\theta = \cos\theta, \qquad \frac{d}{d\theta}\cos\theta = -\sin\theta \tag{1.11}$$

[1] $(\sin\theta)^2$, $(\cos\theta)^2$ を，それぞれ $\sin^2\theta$, $\cos^2\theta$ と書く習慣がある．

である．三角関数の角度の表記に弧度法を用いると，このように公式の左辺に余分な係数は現れない．また，積分公式はそれぞれ

$$\int \sin\theta\, d\theta = -\cos\theta + C, \qquad \int \cos\theta\, d\theta = \sin\theta + C \tag{1.12}$$

となる．ここで，C は積分定数である．微分と積分は逆演算であるため，式 (1.12) の両辺を微分すれば式 (1.11) が得られるため，式 (1.12) が成り立つことを確認できる．

例題 1.2 次の計算を実行せよ． (1) $\dfrac{d}{dt}\sin(3t)$, (2) $\displaystyle\int \cos(2t)\, dt$

1.3.2 指数関数

■ 指数関数 e^x は，関数の積と微積分に関して

$$e^{x_1+x_2} = e^{x_1}e^{x_2}, \tag{1.13}$$

$$\frac{d}{dx}e^x = e^x, \qquad \int e^x dx = e^x + C \tag{1.14}$$

という性質を持つ．特に，引数に負符号が付く指数関数 $f(x)=e^{-x}$ のグラフは，図 1-4 のようになり，減衰していく量を表現する上で大切な関数である．なお，定数 e は自然対数の底と呼ばれ，

$$e \equiv \lim_{n\to\infty}\left(1+\frac{1}{n}\right)^n = 2.71828\cdots \tag{1.15}$$

で定義される特別な定数である．この特定の数値を用いることによって，微分公式，積分公式に余分な係数が現れない．

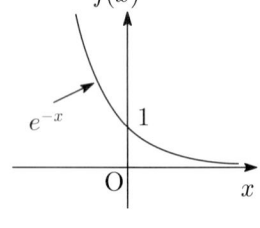

図 1-4 指数関数

例題 1.3 次の計算を実行せよ． (1) $\dfrac{d}{dt}e^{-3t}$, (2) $\displaystyle\int e^{-2t}\, dt$

1.4 講義ノートの構成

■ 工科系の学生が，大学における力学を学習した後に，工業的に重要な「振動と波動」を学ぶためにこの講義ノートを作成した．触れるべき現象は多いかもしれないが，講義時間を考慮して内容を厳選した．各専攻分野に在籍する学生諸君は，さらに専門的な問題を学ぶことになるであろう．

■ 講義担当者が学習内容を選ぶことにより，それぞれのクラスに応じた講義計画を立てることができるように配慮した．また，特に学習を進める際に使う数学の記述を重視し，講義の進展とともに，必要な数学を適切な

箇所で本文中に簡潔に述べた．使われている数学がわからなくなったら，絶えず読み返すようにして欲しい．

■ 本文の記述を補完するように，図やグラフを多く使い，傍注欄を活用した．傍注欄には，本文をより理解するための補足的な記述や，新たに出てきた単位，ギリシャ文字などを掲載した．

■ **例題**は，学習内容の理解と応用力が獲得できたかを確かめるためのものである．各章の本文末尾に略解を記載した．**課題**は，基本的な内容の補足を行ったり，逆に，発展的なテーマの手掛かりを与えるものである．物理や数学にかなり習熟した学生にとっても，発展的に振動と波動を学習することができように配慮されている．章末には，理解ができているかどうかを確認するために，**章末問題**を載せてある．解答に努力を要する問題もあるが，チャレンジして欲しい．巻末には略解を載せてあるが，まずは自分で解答する努力をして欲しい．

■ 担当教員の講義を受けることによって，さらに深く理解が進むであろうが，そのためには，この講義ノートをベースにしながらも，**各自の講義ノート**を作成することが大切である．講義を受けたら，その内容を自分のものとするためには**復習**が不可欠である．さらに，講義中，復習時において生じた疑問は担当教員に**質問**して解決を図ることがとても大切である．

例題略解

例題 1.1 　(1) 1, 　　(2) $\dfrac{1}{\sqrt{2}}$, 　　(3) $\dfrac{1}{2}$

例題 1.2 　(1) $3\cos(3t)$, 　　(2) $\dfrac{1}{2}\sin(2t) + C$

例題 1.3 　(1) $-3e^{-3t}$, 　　(2) $-\dfrac{1}{2}e^{-2t} + C$

第2章 単振動

力学で学んだように，物体に**復元力**[1]が働くとき，物体は繰り返しの運動，すなわち**振動**を行う．ばね振り子に代表される**単振動**は，最も基本的な振動であり，複雑な振動の基礎となるものである．そこで復習も兼ねて，力学で学んだ運動方程式から話を進めることとする．

> 1) 物体が平衡点から変位したときに生じる物体に平衡点へ戻そうとする力を復元力という．

2.1 単振動の運動方程式とその解

2.1.1 単振動の運動方程式

■ x 軸上を運動する質量 m の物体に，原点 O からの変位 x に比例する復元力が働くとすると，復元力 f_x は

$$f_x = -kx \quad (k > 0) \tag{2.1}$$

である．ばねが物体に及ぼす力はこの例であり，このとき k は，ばね定数である．図 2-1 に示すように，ばねの一端に物体を取り付け，ばねの他端を固定したものを，**ばね振り子**という．物体の質量を m とし，原点 O をばねの平衡点に取ると，この物体の運動方程式は

$$\frac{d^2x}{dt^2} = \frac{1}{m}f_x \longrightarrow \frac{d^2x}{dt^2} = -\frac{k}{m}x \tag{2.2}$$

となる．定数 ω_0 を[2]

$$\omega_0 \equiv \sqrt{\frac{k}{m}} \tag{2.3}$$

で定義すると，運動方程式 (2.2) は

$$\frac{d^2x}{dt^2} = -\omega_0^2 x \tag{2.4}$$

と書き表せる．ばね振り子以外のさまざまな力学系でも，その運動方程式を求めると，定数 ω_0 をその運動を特徴づける定数により適切に定義すれば，運動方程式が式 (2.4) と同じ形となる場合がある．このような物体の運動を一般に**単振動**または**調和振動**という．そして，式 (2.4) を**単振動の運動方程式の標準形**という．この運動方程式は，数学的には 2 階の微分方程式である．

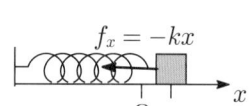

図 2-1 ばね振り子

ω：オメガ（小文字）

> 2) 『力学 講義ノート』ではこの定数に対して ω を使ったが，後々の記述を考慮して，ばね振り子を特徴づける固有の定数であることを強調するため，ここでは ω_0 を使うことにする．

2.1.2 単振動の解

■ **三角関数の微分公式** (1.11) と**合成関数の微分の法則**[3]（付録の式 (15) 参照）を利用すると

$$x_1 = x_1(t) = \sin(\omega_0 t), \qquad x_2 = x_2(t) = \cos(\omega_0 t) \tag{2.5}$$

がともに運動方程式 (2.4) の解であることが容易にわかる．しかし，これらの解は**特別解**であって一般解ではない．力学で学んだように，運動方程式の**一般解**は，2 つの積分定数を含まなければならない．そこで例えば，1 つの特別解 $x_1 = x_1(t) = \sin(\omega_0 t)$ を一般化して，任意定数 A, ϕ を含む

$$x = x(t) = A\sin(\omega_0 t + \phi) \tag{2.6}$$

という関数を作る．これは運動方程式 (2.4) の解であり，さらに A, ϕ を積分定数とみなせば，式 (2.4) の一般解であることがわかる．なお，

$$A > 0, \qquad 0 \leqq \phi < 2\pi \tag{2.7}$$

としても一般性を失わない．以降では，常に式 (2.7) のように取る．

例題 2.1 特別解 (2.5)，一般解 (2.6) が，間違いなく，運動方程式 (2.4) を満たすことを直接計算で確かめよ．

■ **一般解を求めるもう 1 つの方法** 運動方程式の一般解を導くもう 1 つの方法に触れよう．運動方程式 (2.4) は，**線形微分方程式**の 1 つである．線形微分方程式とは，未知関数 x とその導関数 $\dfrac{dx}{dt}, \dfrac{d^2 x}{dt^2}, \cdots$ の 1 次の項だけの和になっている微分方程式のことである．このタイプの方程式は，$x_1(t), x_2(t)$ がその 2 つの解であるとすれば，一般に C_1, C_2 を任意定数として，それらの**線形結合**と呼ばれる関数

$$x = x(t) = C_1 x_1(t) + C_2 x_2(t) \tag{2.8}$$

を作ると，これも解であるという性質を持つ．特に，**2 階の線形微分方程式**の場合には，$x_1(t), x_2(t)$ が互いに**線形独立**[4]であれば，その線形結合 (2.8) が，その方程式の一般解を与える．一般に 2 階の微分方程式は 2 つの積分定数を持たなければならないが，線形結合の係数である任意定数 C_1, C_2 が積分定数の役割を果たす．運動方程式 (2.4) の 2 つの特別解 (2.5) は互いに線形独立な解であるから，任意定数 A_1, A_2 を用いて[5]，その線形結合

$$x = x(t) = A_1 x_1(t) + A_2 x_2(t) = A_1 \sin(\omega_0 t) + A_2 \cos(\omega_0 t) \tag{2.9}$$

を作ると，運動方程式 (2.4) の一般解が得られる．以上のようにして，単振動の運動方程式の一般解として，式 (2.6) と式 (2.9) の 2 つの表現式を

---

3) $\dfrac{d}{dt}x(u(t)) = \dfrac{dx}{du}\dfrac{du}{dt}$

ϕ：ファイ（小文字）

4) 2 つの関数が互いに他の定数倍になっていないとき，線形独立という．

5) 後の表現との関連で，文字 C_1, C_2 の代わりに，ここでは文字 A_1, A_2 を用いる．

得たが，これらは双方の積分定数 A, ϕ と A_1, A_2 の間に関係式

$$A_1 = A\cos\phi, \qquad A_2 = A\sin\phi \tag{2.10}$$

が成り立てば，同等であることが三角関数の加法定理によってただちにわかる．定数 A_1, A_2 が与えられたときは，関係式 (2.10) から，定数 A, ϕ が

$$A = \sqrt{A_1^2 + A_2^2}, \qquad \tan\phi = \frac{A_2}{A_1} \tag{2.11}$$

として導かれることがわかる [6]．単振動の表現式 (2.9) は，正弦関数と余弦関数の任意の合成として一般の単振動を表しているが，これを 1 つの正弦関数で表す表現式 (2.6) と同等であることがわかった．式 (2.9) から関係式 (2.11) を用いて，これと同等な式 (2.6) を求めることを，**三角関数の合成**（図 2-2 参照）と呼ぶ．また，積分定数 A_1, A_2 および，A, ϕ は初期条件によって決まる [7]．

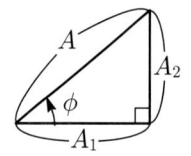

図 2-2 三角関数の合成

[6] $\tan$ 関数は周期 π なので $\tan\phi$ は $0 \leq \phi < 2\pi$ の間の 2 か所で同じ値をとる．上の関係からだけでは ϕ を一通りに決められない．どちらを選ぶかは，改めて関係式 (2.10) を満たすように決める．

[7] 初期位置が x_0 であり，初期速度が v_0 であるとき，一般解 (2.9) を用いると $A_1 = v_0/\omega_0$, $A_2 = x_0$ である．さらに関係式 (2.11) を用いると，
$A = \sqrt{(v_0/\omega_0)^2 + x_0^2}$,
$\tan\phi = (v_0/\omega_0)/x_0$
である．

2.2 単振動の特徴

2.2.1 単振動と諸定数

■ **単振動の特徴** 単振動の一般解の第 1 の表現式 (2.6)

$$x = x(t) = A\sin(\omega_0 t + \phi) \tag{2.12}$$

を用いて，単振動の特徴を調べよう．この式は，1 つの正弦関数で表されているため，その特徴を理解しやすい．これを図示すると，図 2-3 のようになり，単振動は，無限に続く周期運動であることがわかる．この結果は，物体には復元力しか働いていないという理想化の結果であって，実際には3.1 章で取り上げるように，いずれ振動は減衰してしまう．しかしながら，単振動はさらに複雑な振動を学ぶ上で最も基本的な振動である．

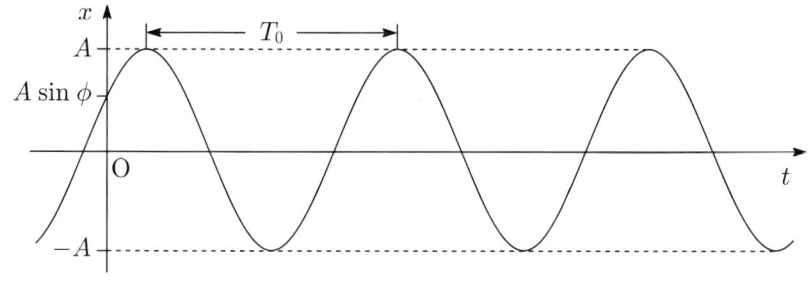

図 2-3 単振動

■ **単振動を特徴づける定数** 単振動の式 (2.12) において，正弦関数の引数 $(\omega_0 t + \phi)$ を**位相**という．また，単振動の式に表れる定数のうち A を**振幅**，

8) ばね振り子の場合は $\omega_0 = \sqrt{k/m}$ であり，ばね振り子そのものを特徴づける量だけで決まる定数である．

ϕ を**位相定数**または**初期位相**という．定数 A, ϕ は物体の振らせ方，すなわち初期条件によって変化する．一方，定数 ω_0 は**角振動数**と呼ばれるが，ω_0 は初期条件によらない単振動を行う系に固有な定数である[8]．この点を強調するときは ω_0 を**固有角振動数**という．単振動する物体が再び同じ位置に戻ってくるのに要する時間 T_0 を**周期**という．正弦関数の周期は 2π であるから，周期 T_0 だけの時間変化に対応する位相変化 $\omega_0 T_0$ は 2π でなければならない．したがって

$$\omega_0 T_0 = 2\pi \longrightarrow T_0 = \frac{2\pi}{\omega_0} \quad \left(= 2\pi\sqrt{\frac{m}{k}}\right) \tag{2.13}$$

振動数の単位: $1\text{Hz} = 1/\text{s}$

ν：ニュー（小文字）

である．物体が単位時間当たりに振動する回数 ν_0 を**振動数**という．振動数 ν_0 は周期 T_0 の逆数であり

$$\nu_0 = \frac{1}{T_0} = \frac{\omega_0}{2\pi} \quad \left(= \frac{1}{2\pi}\sqrt{\frac{k}{m}}\right) \tag{2.14}$$

9) 関係式 (2.14) から，ω_0 は振動数 ν_0 と換算係数 2π でつながる同種の量であり，これが ω_0 を角振動数と呼ぶ理由である．

である[9]．このように定義される周期 T_0，振動数 ν_0 も固有角振動数 ω_0 のみによって決まるのでいずれも**固有定数**であるので，おのおの**固有周期**，**固有振動数**ということもある．なお，括弧の中は，いずれもばね振り子の場合の値である．そして，図 2-3 のように，以上の定数のうち，A, ϕ, T_0 がグラフを直接特徴づける量として現れる．

例題 2.2 物体の質量が $m = 0.2\,\text{kg}$，ばね定数が $k = 5\,\text{N/m}$ であるとき，ばね振り子の角振動数 ω_0 と周期 T_0 を求めよ．

2.2.2 単振動のエネルギー

■ 力学で学んだように，ばねの力のような弾性変形の応力は**保存力**であり，保存力のみが物体に働く場合には，**力学的エネルギー保存則**が成り立つ．例にあげたばね振り子の場合のように，式 (2.1) で表されるような復元力 f_x が物体に働く場合，物体の（原点を基準点とする）**位置エネルギー** U は

$$U = U(x) = \int_x^0 f_x\,dx = \int_x^0 (-kx)\,dx = \frac{1}{2}kx^2 \tag{2.15}$$

である．また，**運動エネルギー** K は

$$K = K(v_x) = \frac{1}{2}mv_x^2 \quad \left(v_x = \frac{dx}{dt}\right) \tag{2.16}$$

である．そして，**力学的エネルギー**を E とすれば，力学的エネルギー保存則は

$$E = K(v_x) + U(x) = \frac{1}{2}mv_x^2 + \frac{1}{2}kx^2 = 一定 \tag{2.17}$$

で表される．さらに，式 (2.17) に単振動の一般解 (2.6) を代入して，固有角振動数の定義式 (2.3) も用いて具体的に計算すると

$$E = \frac{1}{2}mA^2\omega_0^2\cos^2(\omega_0 t + \phi) + \frac{1}{2}mA^2\omega_0^2\sin^2(\omega_0 t + \phi)$$
$$= \frac{1}{2}mA^2\omega_0^2 = 一定 \tag{2.18}$$

となる．このように運動エネルギー K と位置エネルギー U の値はそれぞれ時間的に変化するが，その和である力学的エネルギー E は常に一定であり，振幅 A の2乗および角振動数 ω_0 の2乗に比例する．

例題 2.3 質量 m，角振動数 ω_0 のばね振り子が，初期条件 $x(0) = x_0$，$v_x(0) = v_0$ の下で行う単振動の力学的エネルギー E はいくらか．

2.3 LC 回路と振動電流

■ **LC 回路** 電気的な振動においても，単振動は基本的なものである．図 2-4 に，電気容量 C のコンデンサーとインダクタンス L のコイルを，直列につないだ **LC 回路** を示す．スイッチを閉じると，回路に電流 I が流れる．この電流 I の時間的変化を調べよう．図のように，コンデンサーの各極板に蓄えられる電気量を Q とすれば，コイルを矢印の向きに流れる電流 I との間には

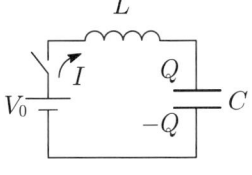

図 2-4 LC 回路

$$I = \frac{dQ}{dt} \tag{2.19}$$

の関係がある．また，キルヒホッフの第2法則により，回路の矢印の向きのループの電位変化を考えると，電池の起電力 V_0，コイルの自己誘導による逆起電力 $-L\dfrac{dI}{dt}$ とコンデンサーの極板間の電位差 $-\dfrac{Q}{C}$ の間に

$$V_0 - L\frac{dI}{dt} - \frac{Q}{C} = 0 \tag{2.20}$$

なる関係式が成立することになる．これを時間 t で微分して，式 (2.19) を用いると，電流 I に対する微分方程式

$$-L\frac{d^2I}{dt^2} - \frac{1}{C}\frac{dQ}{dt} = 0 \longrightarrow -L\frac{d^2I}{dt^2} - \frac{1}{C}I = 0 \tag{2.21}$$

が導かれる．これより定数 ω_0 を

$$\omega_0 \equiv \frac{1}{\sqrt{LC}} \tag{2.22}$$

と定義すると

$$\frac{d^2I}{dt^2} = -\omega_0^2 I \tag{2.23}$$

を得る．これは単振動の運動方程式の標準形 (2.4) と同じ微分方程式である．

■ **振動電流** 単振動に関する 2.1 節の議論から，方程式 (2.23) の一般解は，I_0, ϕ を任意定数として

$$I = I(t) = I_0 \sin(\omega_0 t + \phi) \tag{2.24}$$

となり，LC 回路に流れる電流は，角振動数 ω_0 の**振動電流**であることがわかる．また，その周期は

$$T_0 = \frac{2\pi}{\omega_0} = 2\pi\sqrt{LC} \tag{2.25}$$

で与えられる．

2.4 複素指数関数を用いた線形微分方程式の解法

2.4.1 線形微分方程式と複素指数関数

■ **線形微分方程式** 線形微分方程式を解く数学的な取り扱いとして，未知関数を**複素関数**まで拡張して解く方法がある．単振動の運動方程式はすでに解いているが，改めてこの新しい方法を学ぶ．これを学んでおくと，今後必要な微分方程式を解くことが容易になるからである．実関数 $x = x(t)$ の微分方程式

$$\frac{d^2 x}{dt^2} = -\omega_0^2 x \tag{2.26}$$

を解く場合に，複素関数 $z = z(t)$ を，2 つの実関数 $x = x(t)$, $y = y(t)$ を用いて

$$z(t) = x(t) + iy(t) \tag{2.27}$$

[10] i：虚数単位 ($i = \sqrt{-1}$)

と定義し[10]，$z = z(t)$ について，実関数方程式 (2.4) と同じ形の複素関数方程式

$$\frac{d^2 z}{dt^2} = -\omega_0^2 z \tag{2.28}$$

を考える．上の複素関数方程式を，実部と虚部に分けて表すと

$$\frac{d^2 x}{dt^2} + i\frac{d^2 y}{dt^2} = (-\omega_0^2 x) + i(-\omega_0^2 y) \tag{2.29}$$

となり，両辺の実部と虚部がそれぞれ等しくならなければならないから，2 つの実関数について，同じ形の方程式

$$\frac{d^2 x}{dt^2} = -\omega_0^2 x, \qquad \frac{d^2 y}{dt^2} = -\omega_0^2 y \tag{2.30}$$

が成り立つ[11]．以上から，**実関数方程式** (2.26) を解くには，**複素関数方程式** (2.28) を解き，解の実部（または虚部）を求めればよいことがわかる．このような取り扱いが可能なのは，方程式 (2.26) が線形方程式であるからである．

[11] a, b, c, d を実数とすると $a+ib=c+id$ ならば，$a=c, b=d$ である．

■ **複素指数関数**　複素関数の線形微分方程式を解く場合に，複素指数関数が大きな役割を果たす．**複素指数関数** $e^z = e^{(x+iy)}$ を

$$e^{x+iy} \equiv e^x e^{iy} \tag{2.31}$$

と定義する．さらに，引数が純虚数の指数関数は三角関数を用いて

$$e^{iy} = \cos y + i \sin y \tag{2.32}$$

と表すことができる．これを複素指数関数に関する**オイラーの公式**[12]という．複素指数関数と三角関数のこの関係は一見不可思議であるが，このように三角関数で表された関数 e^{iy} が，実変数の指数関数の性質と同様な性質を示すことによって納得することができる．

[12] オイラー(1707-1783): スイス生まれの数学者，物理学者．

■ まず，オイラーの公式 (2.32) と，三角関数の加法定理 (1.9) と (1.10) を用いると（付録の式 (24) 参照）

$$e^{i(y_1+y_2)} = e^{iy_1} e^{iy_2} \tag{2.33}$$

が導かれる．次に，同じようにオイラーの公式 (2.32) と，三角関数の微分公式 (1.11) から

$$\frac{d}{dy} e^{iy} = i e^{iy} \tag{2.34}$$

が導かれる（付録の式 (25) 参照）．これは実変数 y に形式上定係数 i が，掛かっているときの微分結果と一致し，「微分によって関数形を変えない」という指数関数の著しい特徴を引き継いでいる．以上の結果から，複素指数関数は，実指数関数と同じ性質を持ち，複素指数関数のこれらの性質は，三角関数の加法定理と微分公式を，より扱いやすい方法で表している．

2.4.2　複素指数関数を用いた単振動の運動方程式の解法

■ **複素指数関数解**　前に述べたように，複素指数関数まで拡張しても，指数関数は微分演算に対して，関数の基本形を変えないという著しい特徴を持つ．p を任意の複素定数として，時刻 t を独立変数とする複素指数関数 e^{pt} を考え，その t による微分を行うと

$$\frac{d}{dt} e^{pt} = p e^{pt} \tag{2.35}$$

である．したがって，次に述べるように，線形微分方程式の解を求めるとき，複素指数関数の解の形を仮定することは，数学的にとても有効な方法である．

課題 2-1 $p = a + ib$ として，2.4.1 項の結果を用いると，

$$\frac{d}{dt}e^{(a+ib)t} = (a+ib)e^{(a+ib)t} \qquad (a, b：実数) \tag{2.36}$$

が成立すること，すなわち式 (2.35) が成立することを直接計算で確かめよ．

■ **運動方程式の解法**　単振動の運動方程式 (2.4) をこの方法で解いてみよう．以下，未知関数を $x = x(t)$ のままで表すが，一般に複素関数である場合を含んでいるものとする．方程式 (2.4) の特別解を，定数 p を未知の複素数の定数として

$$x(t) = e^{pt} \tag{2.37}$$

と仮定し，これを単振動の運動方程式の標準形 (2.4) に代入する．式 (2.37) から

$$\frac{d^2x}{dt^2} = \frac{d^2}{dt^2}e^{pt} = \frac{d}{dt}(pe^{pt}) = p^2 e^{pt} \tag{2.38}$$

となるので，代入結果は

$$p^2 e^{pt} = -\omega_0^2 e^{pt} \tag{2.39}$$

である．これより未知数 p が満たすべき 2 次方程式

$$p^2 = -\omega_0^2 \tag{2.40}$$

が得られる．この条件式を満たす p を用いれば，関数 (2.37) は解となる．定数 p が実数の場合は，上の 2 次方程式を満たすものはないが，複素数範囲であれば，2 つ解が存在し

$$p = \pm i\omega_0 \tag{2.41}$$

である．このようにして，p のそれぞれの値に対応する 2 つの線形独立な運動方程式の特別解

$$x_1(t) = e^{i\omega_0 t}, \qquad x_2(t) = e^{-i\omega_0 t} \tag{2.42}$$

が見いだされた．そして，線形微分方程式の性質から，この 2 つの解の線形結合

$$x = x(t) = C_1 e^{i\omega_0 t} + C_2 e^{-i\omega_0 t} \tag{2.43}$$

が運動方程式 (2.4) の一般解である．ここで，C_1, C_2 は任意の複素数の積分定数である．

■ **実関数解** ところで，x は物体の変位を表す量であるから，本来は実数でなくてはならない[13]．したがって，複素解 (2.43) の実部を求めればよい．オイラーの公式により

[13] 変位などの物理量は，実験により実測できる量であるため実数である．

$$e^{\pm i\theta} = \cos\theta \pm i\sin\theta \tag{2.44}$$

であるから，

$$\begin{aligned}x &= C_1\{\cos(\omega_0 t) + i\sin(\omega_0 t)\} + C_2\{\cos(\omega_0 t) - i\sin(\omega_0 t)\} \\ &= i(C_1 - C_2)\sin(\omega_0 t) + (C_1 + C_2)\cos(\omega_0 t)\end{aligned} \tag{2.45}$$

となる．C_1, C_2 を互いに複素共役な複素数[14]にとると，$i(C_1-C_2)$, (C_1+C_2) がともに実数になるようにすることができ，それらを A_1, A_2 で表すと[15]，実関数の一般解

[14] 複素数 $(a+ib)$ に対して，虚部の符号を変えた複素数 $(a-ib)$ を共役複素数と呼び，これを $(a+ib)^*$ と表す．

[15] $C_1 = (A_2 - iA_1)/2$, $C_2 = C_1^* = (A_2 + iA_1)/2$ と置けばよい．

$$x = A_1\sin(\omega_0 t) + A_2\cos(\omega_0 t) \tag{2.46}$$

が得られる．もちろん，これは 2.1 節で求めた一般解 (2.9) と同じである．このように，線形微分方程式 (2.4) を解くことを，2 次方程式 (2.39) を満たす複素定数 p を求めることに帰着させることができる．

例題略解

例題 2.1 $x_1 = \sin(\omega_0 t)$, $\dfrac{dx_1}{dt} = \omega_0\cos(\omega_0 t)$, $\dfrac{d^2 x_1}{dt^2} = -\omega_0^2\sin(\omega_0 t) = -\omega_0^2 x_1$．したがって，$x_1 = x_1(t)$ は解．以下同様．

例題 2.2 $\omega_0 = 5\,\text{rad/s}$, $T_0 = \dfrac{2\pi}{5}\,\text{s}$

例題 2.3 $E = \dfrac{1}{2}mv_0^2 + \dfrac{1}{2}kx_0^2 = \dfrac{1}{2}mv_0^2 + \dfrac{1}{2}m\omega_0^2 x_0^2 = \dfrac{1}{2}m(v_0^2 + \omega_0^2 x_0^2)$

章末問題

問題 2.1 ばね定数 k のばねに質量 m の物体を鉛直につり下げた．この物体をさらに下に引っ張って振動させたとき，この振動の固有角振動数は，ばねを水平にしたときの値 ω_0 と同じになることを示せ．

問題 2.2 周期 T_0 で単振動している物体の運動エネルギーの時間平均 $\overline{K} = \dfrac{1}{T_0} \displaystyle\int_0^{T_0} K(t)dt$ と，位置エネルギーの時間平均 $\overline{U} = \dfrac{1}{T_0} \displaystyle\int_0^{T_0} U(t)dt$ は等しく，それぞれ力学的エネルギー E の 1/2 になることを示せ．

第3章　減衰振動と強制振動

3.1　減衰振動

　単振動は，復元力のみが働くという理想化が行われている．そのため，単振動は完全な周期的振動となるが，実際の振動現象では，運動する物体に摩擦力などの振動を妨げる何らかの作用が働き，振幅が次第に小さくなり，振動は徐々に減衰する．このような振動を一般に**減衰振動**[1]という．ここでは，減衰振動の中で最も扱いやすい，速さに比例する抵抗力が，物体に作用する場合を調べてみよう．

1) 抵抗が大きい場合は振動しない．しかし，それも含めてここでは広い意味で使う．

3.1.1　減衰振動の運動方程式

■ **減衰振動を引き起こす力と運動方程式**　単振動する物体に，速度 v_x に比例し，運動する方向と逆向きの抵抗力が働く場合を考える．図 3-1 のように，ばね振り子が気体中や液体中で抵抗を受けて運動する場合がその例である．単振動を引き起こす復元力 f_{1x} と抵抗力 f_{2x} は，k, c を正の定数として，それぞれ

$$f_{1x} = -kx, \qquad f_{2x} = -cv_x \tag{3.1}$$

と表される．したがって，物体の受ける合力 f_x は，

$$f_x = f_{1x} + f_{2x} = -kx - cv_x = -kx - c\frac{dx}{dt} \tag{3.2}$$

である．物体の質量を m とすると，この物体の運動方程式は

$$\frac{d^2x}{dt^2} = \frac{1}{m}f_x \longrightarrow \frac{d^2x}{dt^2} = -\frac{k}{m}x - \frac{c}{m}\frac{dx}{dt} \tag{3.3}$$

であるが，これを書き直して，次のように表す．

$$\frac{d^2x}{dt^2} + 2\epsilon\frac{dx}{dt} + \omega_0^2 x = 0 \tag{3.4}$$

これが**減衰振動の運動方程式の標準形**である．ただし，定数 ϵ, ω_0 は

$$\epsilon \equiv \frac{1}{2}\frac{c}{m}, \qquad \omega_0 \equiv \sqrt{\frac{k}{m}} \tag{3.5}$$

ϵ：イプシロン（小文字）

と定義した．ϵ は抵抗力の大きさの程度を表す正の定数であり，これを抵

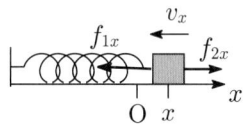

図 3-1 抵抗力を受けるばね振り子

抗係数という．ω_0 は抵抗力がないときに物体が行う単振動の固有角振動数である．

■ 減衰振動の運動方程式 (3.4) の解 $x(t)$ の運動は，抵抗力の強さを表す抵抗係数 ϵ と，復元力の強さを表す固有角振動数 ω_0 の大小関係により，3 種類に分類される．抵抗力が弱く **(1)** $\boldsymbol{\epsilon < \omega_0}$ の場合は，物体は振動しながら次第に減衰していく**減衰振動**を行う．抵抗力が強く **(2)** $\boldsymbol{\epsilon > \omega_0}$ や **(3)** $\boldsymbol{\epsilon = \omega_0}$ の場合は，振動せずに減衰し，それぞれ**過減衰**，**臨界減衰**と呼ばれる運動を行う．以降，減衰振動を中心に学習しよう．

3.1.2 減衰振動の解

■ **特別解** 減衰振動の運動方程式 (3.4) を，2.4.1 項で述べた複素指数関数を用いた方法で解いてみよう．まず，特別解として

$$x(t) = e^{pt} \tag{3.6}$$

を仮定して，方程式 (3.4) に代入すると

$$p^2 e^{pt} + 2\epsilon p e^{pt} + \omega_0^2 e^{pt} = (p^2 + 2\epsilon p + \omega_0^2) e^{pt} = 0 \tag{3.7}$$

となって，複素未知定数 p は 2 次方程式

$$p^2 + 2\epsilon p + \omega_0^2 = 0 \tag{3.8}$$

を満たさなければならない．式 (3.8) の解は，2 次方程式の解の公式[2]を用いると，

$$p = -\epsilon \pm \sqrt{\epsilon^2 - \omega_0^2} \tag{3.9}$$

を得る．ここでは，抵抗力が復元力に比して弱く **(1)** $\boldsymbol{\epsilon < \omega_0}$ が成立する場合を考えているのであるから，$\sqrt{\epsilon^2 - \omega_0^2}$ は虚数となる．そこで

$$\omega \equiv \sqrt{\omega_0^2 - \epsilon^2} \tag{3.10}$$

と置けば，ω は実数であり，$\sqrt{\epsilon^2 - \omega_0^2} = i\omega$ となる．よって，2 次方程式 (3.8) は，2 つの複素解

$$p_1 = -\epsilon + i\omega, \qquad p_2 = -\epsilon - i\omega \tag{3.11}$$

を持つ．したがって，

$$x_1(t) = e^{p_1 t} = e^{(-\epsilon + i\omega)t} = e^{-\epsilon t} e^{i\omega t}, \tag{3.12}$$

$$x_2(t) = e^{p_2 t} = e^{(-\epsilon - i\omega)t} = e^{-\epsilon t} e^{-i\omega t} \tag{3.13}$$

が，運動方程式 (3.4) の互いに線形独立な特別解となる．

---

[2] p に関する 2 次方程式 $ap^2 + bp + c = 0 \, (a \neq 0)$ の解は
$p = \dfrac{-b \pm \sqrt{b^2 - 4ac}}{2a}$

■ 一般解　式 (2.8) より，方程式 (3.4) の一般解は

$$x(t) = C_1 x_1(t) + C_2 x_2(t) = e^{-\epsilon t} \left(C_1 e^{i\omega t} + C_2 e^{-i\omega t} \right) \tag{3.14}$$

で与えられる．この式の括弧の中は，単振動の場合の一般解と同じ形をしているため，この複素関数解から 2.4.2 項と同様に実関数の一般解を求めると，任意の実定数 A_1, A_2 を用いて

$$x(t) = e^{-\epsilon t} \left\{ A_1 \sin(\omega t) + A_2 \cos(\omega t) \right\} \tag{3.15}$$

であることがわかる．単振動の場合と同じように書き換えると，

$$x(t) = A e^{-\epsilon t} \sin(\omega t + \phi) \tag{3.16}$$

と表すことができる．ここで，前項と同様 A, ϕ は積分定数 A_1, A_2 から関係式 (2.11) により決まる定数である．

3.1.3 減衰振動の特徴

■ 減衰振動と減衰因子　式 (3.16) は，図 3-2 のような，振動しつつ次第に振幅が小さくなる運動を表す．これを**減衰振動**という．減衰振動の様子は，単振動と同じように正弦関数 $A\sin(\omega t + \phi)$ で表されるが，減衰の様子を表すのは，指数関数 $e^{-\epsilon t}$ であり，これを**減衰因子**という．単振動を基本とする立場でいうと，減衰振動は，振幅が指数関数 $Ae^{-\epsilon t}$ に従って減衰する振動であるということができる．定数 ϵ は物体に働く抵抗力の大きさを表す定数であるから，当然，抵抗が大きいと，ϵ は大きく減衰は激しい．減衰因子 $e^{-\epsilon t}$ が現れることが，抵抗力が働いた最大の効果である．それに加えて，式 (3.10) からわかるように

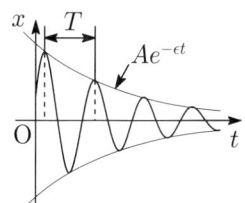

図 3-2 減衰振動

$$\omega = \sqrt{\omega_0^2 - \epsilon^2} < \omega_0 \tag{3.17}$$

であり，減衰振動の角振動数 ω が，単振動の場合の固有角振動数 ω_0 より小さくなる．これも，抵抗力が働く効果である．

■ 減衰振動の周期　図 3-2 から明らかなように，減衰振動は振動ではあるが，完全な周期運動ではない．しかし，図 3-2 のように，変位の隣り合う極大（または極小）の間の時間間隔[3] は，振動を表す関数 $\sin(\omega t + \phi)$ の位相 $(\omega t + \phi)$ が 2π だけ変化するのに要する時間間隔である．この時間間隔 T を減衰振動の**周期**と呼ぶ．

3) 物体が同じ方向から平衡点を通過する隣り合う時刻の間の間隔としてみなしても同じである．

$$\omega T = 2\pi \longrightarrow T = \frac{2\pi}{\omega} = \frac{2\pi}{\sqrt{\omega_0^2 - \epsilon^2}} \quad \left(> T_0 = \frac{2\pi}{\omega_0} \right) \tag{3.18}$$

このように，減衰振動の周期 T は，減衰のない場合の単振動の固有周期 T_0 より長くなる．

■ 減衰率と緩和時間
周期 T だけ時間が違う物体の変位 $x(t)$, $x(t+T)$ の比をとると

$$\frac{x(t)}{x(t+T)} = \frac{Ae^{-\epsilon t}\sin(\omega t + \phi)}{Ae^{-\epsilon(t+T)}\sin\{\omega(t+T)+\phi\}} = e^{\epsilon T} \tag{3.19}$$

となり[4]，時刻 t によらず一定となる．これは，振幅 $Ae^{-\epsilon t}$ が一定の割合で減衰することを示す．この値を**減衰率**という．減衰率 (3.19) の対数[5]をとると

$$\eta = \log\frac{x(t)}{x(t+T)} = \log e^{\epsilon T} = \epsilon T \tag{3.20}$$

となるが，この η を**対数減衰率**と呼ぶ．これは減衰振動の減衰の程度を表す量である．また，式 (3.4) で，抵抗力の効果を表す減衰項の係数である 2ϵ を $\frac{1}{\tau}$ と表すと，τ は時間の次元をもつ．そして，τ は振動エネルギーが，元の値から $\frac{1}{e}$ 倍になる時間を表し[6]，これを**緩和時間**と呼ぶ．抵抗が大きいほど τ が短く，速やかに振動が減衰する．

[4] $e^{-\epsilon(t+T)} = e^{-\epsilon t}e^{-\epsilon T}$ であり，また，$\omega T = 2\pi$ から，$\sin\{\omega(t+T)+\phi\} = \sin(\omega t + \phi)$ である．

[5] $\log$ は自然対数 $\log_e$ であり，$\ln$ とも表す．

η：イータ（小文字）

τ：タウ（小文字）

[6] $E \propto (Ae^{-\epsilon t})^2 \propto e^{-2\epsilon t}$ であるから，$t = \tau$ のとき，$-2\epsilon t = -1$ となり，エネルギーは $\frac{1}{e}$ 倍となる．

例題 3.1 減衰振動の運動方程式 (3.4) で，$\epsilon = 2$, $\omega_0 = 3$ の場合の一般解を求めよ．また，この減衰振動の周期 T と対数減衰率 η を求めよ．

3.1.4 過減衰および臨界減衰

■ **過減衰** 次に，復元力に比べて抵抗力が比較的大きい場合，つまり **(2) $\epsilon > \omega_0$** の場合を考えよう．ここで

$$\epsilon' \equiv \sqrt{\epsilon^2 - \omega_0^2} \qquad (< \epsilon) \tag{3.21}$$

と置くと，ϵ' は実数となり，2 次方程式 (3.8) は 2 つの実解

$$p_1 = -\epsilon + \epsilon', \qquad p_2 = -\epsilon - \epsilon' \tag{3.22}$$

を持つ．この場合には，運動方程式 (3.4) の互いに線形独立な 2 つの特別解は

$$x_1(t) = e^{p_1 t} = e^{(-\epsilon+\epsilon')t}, \qquad x_2(t) = e^{p_2 t} = e^{(-\epsilon-\epsilon')t} \tag{3.23}$$

で与えられ，実関数解である．したがって，任意の実定数 A_1, A_2 を用いて，実関数の一般解は

$$x(t) = A_1 x_1(t) + A_2 x_2(t) = A_1 e^{(-\epsilon+\epsilon')t} + A_2 e^{(-\epsilon-\epsilon')t} \tag{3.24}$$

となる．

■ 式 (3.24) において，$-\epsilon - \epsilon' < -\epsilon + \epsilon' < 0$ であるから，第 2 項の方が第 1 項より減少する割合は大きいが，どちらも単調に 0 に近づくため，図 3-3 に一例を示すように，振動しないで減衰する運動である．この運動を**過減衰**という．

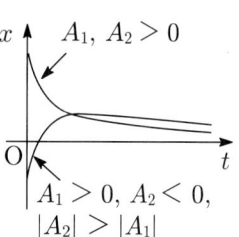

図 3-3 過減衰

例題 3.2 運動方程式 (3.4) で，$\epsilon = 5$, $\omega_0 = 3$ の場合は過減衰となる．その一般解を求めよ．

課題 3-1 式 (3.24) で示された過減衰において，初期条件を $t = 0$ で $x(0) = x_0 > 0$, $v(0) = v_0$ とするとき，$v_0 > 0$, $v_0 = 0$, $v_0 < 0$ の場合の運動の様子を調べよ．

■ **臨界減衰** 最後に，復元力と抵抗力が同程度で，**(3)** $\boldsymbol{\epsilon = \omega_0}$ となる場合には，2 次方程式 (3.8) は実数の重解

$$p = -\epsilon \tag{3.25}$$

である．したがって，これまでの方法では，複素指数関数で与えられる特別解は，実指数関数

$$e^{pt} = e^{-\epsilon t} \tag{3.26}$$

と 1 つだけしか見つからないので，一般解を求めるためには，さらに工夫が必要である．そこで一般解は，特別解 $e^{-\epsilon t}$ と関数 $u(t)$ の積で表されると仮定し，

$$x(t) = u(t) e^{-\epsilon t} \tag{3.27}$$

とおいて，これが運動方程式 (3.4) を満足するように $u(t)$ が決められるか調べてみる．式 (3.27) を式 (3.4) に代入すると $u = u(t)$ の満たすべき微分方程式

$$\frac{d^2 u}{dt^2} = 0 \tag{3.28}$$

が得られる．この微分方程式は容易に積分することができて，実関数の一般解は，A_1, A_2 を任意の実定数として

$$u(t) = A_1 t + A_2 \tag{3.29}$$

である．式 (3.27) から

$$x(t) = (A_1 t + A_2) e^{-\epsilon t} \tag{3.30}$$

となり，これは 2 つの任意定数を含むから，求める一般解である．

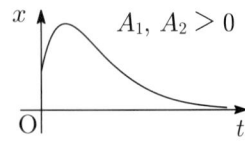

図 3-4 臨界減衰

7) 電流計や電圧計の針の振れを抑えるために，臨界減衰を用いている．

この場合も明らかに振動しない減衰を示し，**臨界減衰**という．図 3-4 にその一例を示す．これは，一般的には最も速く平衡状態に達する減衰である[7]．

例題 3.3　式 (3.28)，式 (3.29) を導け．

例題 3.4　運動方程式 (3.4) で，$\epsilon = 3$, $\omega_0 = 3$ の場合は臨界減衰となる．その一般解を求めよ．

課題 3-2　式 (3.30) で示された臨界減衰において，初期条件を $t = 0$ で $x(0) = x_0 > 0$, $v(0) = v_0$ とするとき，$v_0 > 0$, $v_0 = 0$, $v_0 < 0$ の場合の運動の様子を調べよ．

3.2　強制振動

減衰振動する物体に外から時間的に変動する力を加え，強制的に振動を続けさせる場合を考えよう．このような振動を一般に**強制振動**と呼ぶ．ここでは簡単のため，減衰振動する物体に加える力が，正弦関数で表される周期的な強制力である場合について学ぼう．

3.2.1　強制振動の運動方程式

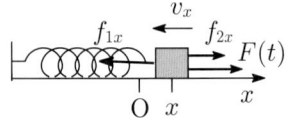

図 3-5 強制力も受けるばね振り子

減衰振動をする物体に，さらに正弦関数で表される周期的な強制力

$$F = F(t) = F_0 \sin(\omega_f t) \tag{3.31}$$

が働くものとする．F_0 は強制力の最大値，ω_f は強制力の角振動数である．物体に働く合力は，式 (3.2) に $F = F(t)$ が加わるので

$$f_x = -kx - c\frac{dx}{dt} + F_0 \sin(\omega_f t) \tag{3.32}$$

となる．よって，強制振動の運動方程式は

$$\frac{d^2 x}{dt^2} = \frac{1}{m} f_x \longrightarrow \frac{d^2 x}{dt^2} = -\frac{k}{m} x - \frac{c}{m}\frac{dx}{dt} + \frac{F_0}{m}\sin(\omega_f t) \tag{3.33}$$

であるが，これを書き直して

$$\frac{d^2 x}{dt^2} + 2\epsilon \frac{dx}{dt} + \omega_0^2 x = f_0 \sin(\omega_f t) \tag{3.34}$$

とする．ただし，定数 ϵ, ω_0, f_0 は

$$\epsilon \equiv \frac{1}{2}\frac{c}{m}, \qquad \omega_0 \equiv \sqrt{\frac{k}{m}}, \qquad f_0 \equiv \frac{F_0}{m} \tag{3.35}$$

と定義した．これが**強制振動の運動方程式の標準形**である．微分方程式 (3.34) は，前節まで扱ってきた線形微分方程式に，未知関数 $x(t)$ とは関係のない項 $f_0 \sin(\omega_f t)$ が付け加わった形になっている．このような微分方程式を**線形非同次方程式**と呼ぶ．これに対して，これまで扱ってきた微分方程式を，詳しくは**線形同次方程式**と呼ぶ．

■ **線形非同次方程式の解法**　線形非同次方程式 (3.34) の一般解は，次のようにして求めることができる．

(i) 線形非同次方程式 (3.34) の右辺を 0 と置いて得られる線形同次方程式

$$\frac{d^2 X}{dt^2} + 2\epsilon \frac{dX}{dt} + \omega_0^2 X = 0 \tag{3.36}$$

の一般解 $X = X(t)$ を求める．$X(t)$ は，2 つの任意の積分定数を含む．

(ii) 次に，何らかの方法により，線形非同次微分方程式 (3.34) の 1 つの**特別解** $x_0 = x_0(t)$ を求める．

$$\frac{d^2 x_0}{dt^2} + 2\epsilon \frac{dx_0}{dt} + \omega_0^2 x_0 = f_0 \sin(\omega_f t) \tag{3.37}$$

(iii) 式 (3.36) と式 (3.37) から，ただちに

$$\frac{d^2}{dt^2}(X + x_0) + 2\epsilon \frac{d}{dt}(X + x_0) + \omega_0^2 (X + x_0) = f_0 \sin(\omega_f t) \tag{3.38}$$

が導かれるので，(i) と (ii) で得た解の和

$$x(t) = X(t) + x_0(t) \tag{3.39}$$

は，線形非同次方程式 (3.34) の解であり，しかも 2 つの任意定数を含む．したがって，$x(t) = X(t) + x_0(t)$ は線形非同次方程式 (3.34) の一般解である．

3.2.2　強制振動の解

■ **減衰振動項と強制振動項**　すでに前項で学習したように，線形同次方程式 (3.36) は，減衰振動の運動方程式であり，減衰振動の一般解 $X(t)$ は過減衰，臨界減衰の場合も含めて既に求めてあり，いずれも時間が経つと減衰する，つまり

$$\lim_{t \to \infty} X(t) = 0 \tag{3.40}$$

8) 線形非同次方程式の特別解 x_0 に線形同次方程式のどんな特別解を付け加えても，それも線形非同次方程式の特別解であるからである．

という性質を持つ．線形非同次方程式 (3.34) の特別解 $x_0(t)$ は，数学的には解であればどのようなものを取っても良いのであるが[8]，物理的には，強制振動に固有な減衰しない解を選ぶことが望ましい．このように選んだときに，$X(t)$ を**減衰振動項**，$x_0(t)$ を**強制振動項**という．減衰振動項はすでに求められており，十分に時間が経った後では減衰してなくなるため，以下では強制振動特有の強制振動項に議論を集中しよう．十分に時間が経った後では，物体は強制力に従った運動，つまり強制力と同じ角振動数 ω_f の振動をするが，抵抗力を受けているので，位相は遅れると予想される．したがって，振幅を A_0，位相の遅れを δ として，強制振動項が

δ：デルタ（小文字）

$$x_0(t) = A_0 \sin(\omega_f t - \delta) \tag{3.41}$$

と表されると仮定する．ただし，$0 \leqq \delta < 2\pi$ にとる．式 (3.41) を式 (3.34) に代入して，t の値に関わらず式 (3.34) の関係が，常に成立するように A_0, δ を決めることができれば，式 (3.41) は式 (3.34) の特別解である．

■ **強制振動項の振幅 A_0 と位相の遅れ δ** ここでは，計算を簡単にするために，再び複素指数関数を使用した方法を用いる．まず，実関数方程式 (3.37) 中の強制力にかかわる項 $f_0 \sin(\omega_f t)$ を複素指数関数

$$f_0 e^{i\omega_f t} = f_0 \cos(\omega_f t) + i f_0 \sin(\omega_f t) \tag{3.42}$$

で置き換え，$x_0 = x_0(t)$ を複素関数とみなして複素関数方程式

$$\frac{d^2 x_0}{dt^2} + 2\epsilon \frac{dx_0}{dt} + \omega_0^2 x_0 = f_0 e^{i\omega_f t} \tag{3.43}$$

を考える．今の場合，この方程式の虚部が式 (3.34) である．したがって，この複素関数方程式の特別解 $x_0(t)$ を求めれば，$x_0(t)$ の虚部が求めたい式 (3.34) の特別解となる．そこで，虚部が式 (3.41) となる複素指数関数解を

$$x_0(t) = A_0 \cos(\omega_f t - \delta) + i A_0 \sin(\omega_f t - \delta) = A_0 e^{i(\omega_f t - \delta)} \tag{3.44}$$

と想定し，これを式 (3.43) に代入すると，解となるための条件

$$A_0(-\omega_f^2 + 2i\epsilon\omega_f + \omega_0^2) e^{i(\omega_f t - \delta)} = f_0 e^{i\omega_f t}$$
$$\longrightarrow A_0\{-(\omega_f^2 - \omega_0^2) + i(2\epsilon\omega_f)\} e^{-i\delta} = f_0 \tag{3.45}$$

が得られる．ここで，上式の左辺の括弧 { } に現れる複素数を極形式で

$$-(\omega_f^2 - \omega_0^2) + i(2\epsilon\omega_f) = re^{i\theta} \tag{3.46}$$

と表すと（図 3-6 参照）

$$r = \sqrt{(\omega_f^2 - \omega_0^2)^2 + (2\epsilon\omega_f)^2}, \qquad \theta = -\arctan\left(\frac{2\epsilon\omega_f}{\omega_f^2 - \omega_0^2}\right) \tag{3.47}$$

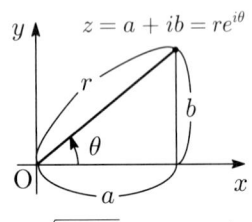

$r = \sqrt{a^2 + b^2}, \tan\theta = b/a$
（p.9 の傍注 6) も参照）

図 3-6 複素数の極形式

である[9]．これより，条件式 (3.45) に代入すると

$$A_0(re^{i\theta})e^{-i\delta} = f_0 \longrightarrow A_0 e^{-i\delta} = \frac{f_0}{r}e^{-i\theta} \tag{3.48}$$

であるから，A_0, δ は

$$A_0 = \frac{f_0}{r} = \frac{f_0}{\sqrt{(\omega_\mathrm{f}^2 - \omega_0^2)^2 + (2\epsilon\omega_\mathrm{f})^2}}, \tag{3.49}$$

$$\delta = \theta = -\arctan\left(\frac{2\epsilon\omega_\mathrm{f}}{\omega_\mathrm{f}^2 - \omega_0^2}\right) \tag{3.50}$$

[9] 一般に，$\tan\theta = b/a$ の関係を逆関数 arctan を用いて，$\theta = \arctan(b/a)$ と表す．

と求められる．このように，強制振動項 (3.41) は単振動 (2.6) と同じ形であるが，振幅 A_0，位相の遅れ δ が，単振動の場合のように初期条件によって決まる積分定数ではなく，運動方程式から一意的に決まってしまう定数となる．つまり，系の固有角振動数 ω_0，物体の受ける抵抗力の大きさを与える抵抗係数 ϵ，強制力の強さ f_0 と角振動数 ω_f により，初期条件によらず式 (3.49)，式 (3.50) によって決まってしまうのである．

■ **強制振動の一般解** 以上から，強制振動の一般解は，減衰振動項 $X(t)$ と強制振動項 (3.41) の和

$$x(t) = X(t) + A_0 \sin(\omega_\mathrm{f} t - \delta) \tag{3.51}$$

で与えられる．減衰振動項の一般解は，前節で求められており，減衰振動，過減衰，臨界減衰に対して，それぞれ式 (3.15)，式 (3.24)，式 (3.30) で与えられる．それぞれの式に現れる A_1, A_2 が一般解を特徴づける任意の積分定数である．強制振動項を特徴づける定数 A_0, δ はそれぞれ式 (3.49)，式 (3.50) で決まる定数である．運動の初期には減衰振動項と強制振動項が重なり合って，複雑な運動をするが，すでに述べたように，減衰振動項は十分時間が経てば減衰してなくなり，強制振動項のみが持続する．

例題 3.5 $\epsilon = 2, \omega_0 = \sqrt{5}$ で減衰振動を行う物体に，$f_0 = 5, \omega_\mathrm{f} = 2$ なる強制力を加えたときの，強制振動項の振幅 A_0 と位相の遅れ δ を求め，強制振動項を表す式を求めよ．

3.2.3 共振現象と位相の遅れ

■ **共振現象** 前節で述べたように，物体が強制振動を始めてから十分に時間が経った後では強制振動項 (3.41) のみが持続する．そして，強制振動項の振幅 A_0 は式 (3.49) で決まる．振幅 A_0 が強制力の振幅 f_0 に比例するが，これは強制力が強ければ物体は大きく振動することを意味しているため当然である．注目すべきは，振幅 A_0 が強制力の角振動数 ω_f に依存することである．振幅 A_0 を ω_f の関数 $A_0 = A_0(\omega_\mathrm{f})$ として，グラフに表

すと図3-7のようになる．これからよくわかるように，強制力の角振動数 ω_{f} が，系の固有角振動数 ω_0 に近づくと，振幅 A_0 は次第に大きな値をとるようになり，ω_{f} が ω_0 の近くのある値 ω_{r} で極大値をとる（課題3-3参照）．この現象を**共振**または**共鳴**という．$\omega_{\mathrm{f}} = \omega_0$ での振幅は，式 (3.49) から

$$A_0(\omega_0) = \frac{f_0}{2\epsilon\omega_0} \tag{3.52}$$

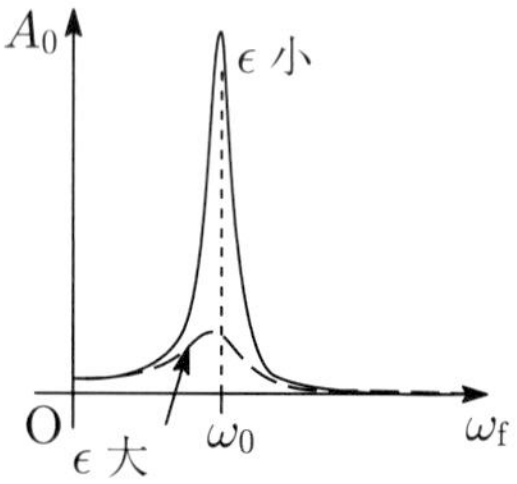

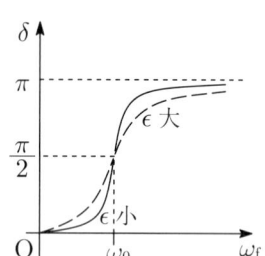

図 3-7 共振

となり，ほぼ極大値を与える．抵抗力が弱く，ϵ が小さくなるほど，共振現象は強く表れ，A_0 の極大値は大きくなる．共振している状態のときに，物体は強制力から最も大きなエネルギーを受け取る．大きな地震で建物が受ける影響は，地震の震度に依存するが，この共振現象が起きるか否かにもよる．したがって，建物を設計するときには，その固有角振動数を地震波の角振動数と異なるようにしなければならない．また，強制力の角振動数が固有角振動数を超えて大きくなっていくと，振幅は 0 に近づき，強制力が強くても物体は振動しなくなる．これも強制振動の特徴の 1 つである．そのため，ブランコをその固有振動で揺らすときには，どんどん揺れを大きくすることができるが，ブランコをそれ以上速く揺らそうとしてもうまくいかない．

■ **位相の遅れ**　式 (3.31) と式 (3.41) を比較すると，物体は強制力と同じ位相では振動しない．物体に抵抗力も働いているため，物体が強制力と同じ位相で振動することができないからである．その位相の遅れ δ は，式 (3.50) で与えられ，やはり，強制力の角振動数 ω_{f} の関数 $\delta = \delta(\omega_{\mathrm{f}})$ であり，そのグラフを書いて変化の様子を調べると，図3-8のようになる．強制力の角振動数 ω_{f} を 0 から次第に増していくと，δ は 0 から次第に増加し，$\omega_{\mathrm{f}} = \omega_0$ のとき，$\delta = \dfrac{\pi}{2}$ となる．共振現象が起きるときは，物体は強制力に比べて位相がほぼ $\dfrac{\pi}{2}$ だけ遅れて振動する．そして，さらに ω_{f} を増していくと，$\delta = \pi$ に近づく．

図 3-8 強制振動項の位相の遅れ

課題 3-3　共振現象において，振幅が正確に極大となる角振動数 ω_{r} と，その時の極大値 $A_0(\omega_{\mathrm{r}})$ が

$$\omega_{\mathrm{r}} = \sqrt{\omega_0^2 - 2\epsilon^2} \quad (< \omega_0), \tag{3.53}$$

$$A_0(\omega_{\mathrm{r}}) = \frac{f_0}{2\epsilon\sqrt{\omega_0^2 - \epsilon^2}} = \frac{\omega_0}{\sqrt{\omega_0^2 - \epsilon^2}} A_0(\omega_0) \quad (> A_0(\omega_0)) \tag{3.54}$$

で与えられることを示せ．このとき，式 (3.49) の分母を $\sqrt{g(\omega_{\mathrm{f}})}$ としたとき，関数 $g(\omega_{\mathrm{f}})$ の極小値問題と考えればわかりやすい．

例題略解

例題 3.1 $\omega = \sqrt{\omega_0^2 - \epsilon^2} = \sqrt{5} \longrightarrow x = e^{-2t}(A_1 \sin\sqrt{5}t + A_2 \cos\sqrt{5}t)$
$= Ae^{-2t}\sin(\sqrt{5}t + \phi)$, $T = 2\pi/\sqrt{5}$, $\eta = 4\pi/\sqrt{5}$

例題 3.2 $\epsilon' = 4, -\epsilon + \epsilon' = -1, -\epsilon - \epsilon' = -9 \longrightarrow x = A_1 e^{-t} + A_2 e^{-9t}$

例題 3.3 $\left\{\left(\dfrac{d^2 u}{dt^2} - 2\epsilon \dfrac{du}{dt} + \epsilon^2 u\right) + 2\epsilon\left(\dfrac{du}{dt} - \epsilon u\right) + \omega_0^2 u\right\} e^{-\epsilon t}$
$= \left\{\dfrac{d^2 u}{dt^2} + (\omega_0^2 - \epsilon^2)u\right\} e^{-\epsilon t} = 0$, $\epsilon = \omega_0$ より $\dfrac{d^2 u}{dt^2} = 0$, $\dfrac{du}{dt} = A_1$,
$u(t) = A_1 t + A_2$

例題 3.4 $x = (A_1 t + A_2)e^{-3t}$

例題 3.5 $x_0(t) = \dfrac{\sqrt{65}}{13}\sin(2t - \delta)$, $\delta = \arctan 8$

章末問題

問題 3.1 減衰振動している質量 m の物体の力学的エネルギー E は，時間とともに単調に減少していくことを示せ．また，抵抗力が十分に小さいときの減衰振動のエネルギー減衰は，$E = E_0 e^{-2\epsilon t}$ で表されることを示せ．

問題 3.2 $t = 0$ でつり合いの位置 $(x(0) = 0)$ に静止していた物体に，固有角振動数 ω_0 と等しい角振動数の周期的強制力 $f(t) = f_0 \sin(\omega_0 t)$ を加えた強制振動において，物体はどのような運動をするか求めよ．ただし，復元力に比べて抵抗力は小さく，$\epsilon \ll \omega_0$ とする．

第4章　単振動の合成と 一般の周期運動

　いくつかの単振動を加え合わせることを単振動の合成という．単振動の合成は一般には3次元であるが，簡単のため2つの1次元の単振動の合成を取り扱うことにする．振動を合成した結果は，一般に複雑な運動となるが，加え合わせる単振動の周期が等しい（すなわち角振動数が等しい）場合や振幅が等しい場合には，合成された運動も比較的簡単な周期的な運動となる．以下，この場合を取り上げよう．

4.1　単振動の合成

4.1.1　角振動数が同じ単振動の合成

■ 後の章で学ぶように，2つの波が同一点に到達したときは，その場所の媒質（波を伝える連続物体）は，それぞれの波が引き起こす振動が合成された振動を行う．合成振動の変位は，それぞれの振動の引き起こす変位の和で与えられる．ここでは，簡単のため同じ角振動数 ω の2つの単振動

$$x_1 = A_1 \sin(\omega t + \phi_1), \qquad x_2 = A_2 \sin(\omega t + \phi_2) \tag{4.1}$$

の合成を考えよう．合成振動の変位 x は，

$$x = x_1 + x_2 = A_1 \sin(\omega t + \phi_1) + A_2 \sin(\omega t + \phi_2) \tag{4.2}$$

で与えられる．ここで，三角関数の加法定理を用いると，

$$x = (A_1 \cos\phi_1 + A_2 \cos\phi_2) \sin(\omega t) + (A_1 \sin\phi_1 + A_2 \sin\phi_2) \cos(\omega t) \tag{4.3}$$

となる．2.1.2 項で学んだ三角関数の合成の考えを用いると，この式を1つの正弦関数で

$$x = A \sin(\omega t + \phi) \tag{4.4}$$

と表すことができ，合成された運動も，加え合わされた単振動と同じ角振動数の単振動となることがわかる．そして，式(2.11)に対応して，式(4.4)

中の A, ϕ は式 (4.3) 中の A_1, ϕ_1, A_2, ϕ_2 を用いて

$$A = \sqrt{(A_1\cos\phi_1+A_2\cos\phi_2)^2+(A_1\sin\phi_1+A_2\sin\phi_2)^2}$$
$$= \sqrt{A_1^2+A_2^2+2A_1A_2\cos(\phi_1-\phi_2)}, \tag{4.5}$$
$$\phi = \arctan\frac{A_1\sin\phi_1+A_2\sin\phi_2}{A_1\cos\phi_1+A_2\cos\phi_2} \tag{4.6}$$

が得られる．式 (4.5) を導くためには，再び三角関数の加法定理を用いた．式 (4.5) より，合成振動の振幅は，合成する単振動の間の位相差 $\Delta\phi=\phi_1-\phi_2$ に依存して，強め合ったり，弱め合ったりすることがわかる．例えば $\Delta\phi=0$ のときには，最大の振幅 (A_1+A_2) であり，$\Delta\phi=\pi$ のときは，最小の振幅 $|A_1-A_2|$ となる．

課題 4-1 合成振動について式 (4.5)，式 (4.6) を導け．

例題 4.1 2つの単振動 $x_1=3\sin(\pi t)$ および $x_2=4\cos(\pi t)$ を合成して，式 (4.4) の形で表せ．

4.1.2 角振動数の異なる単振動の合成

■ 角振動数の異なる 2 つの単振動の合成を考えよう．簡単のため振幅は等しいとし，x_1, x_2 を次のように表す．

$$x_1 = A\sin(\omega_1 t+\phi_1), \qquad x_2 = A\sin(\omega_2 t+\phi_2) \tag{4.7}$$

この 2 つの単振動の合成振動を表す関数 x は，付録の式 (6) を用いて，

$$x = x_1+x_2 = A\sin(\omega_1 t+\phi_1)+A\sin(\omega_2 t+\phi_2)$$
$$= 2A\cos\left(\frac{\omega_1-\omega_2}{2}t+\frac{\phi_1-\phi_2}{2}\right)\cdot\sin\left(\frac{\omega_1+\omega_2}{2}t+\frac{\phi_1+\phi_2}{2}\right) \tag{4.8}$$

となる．

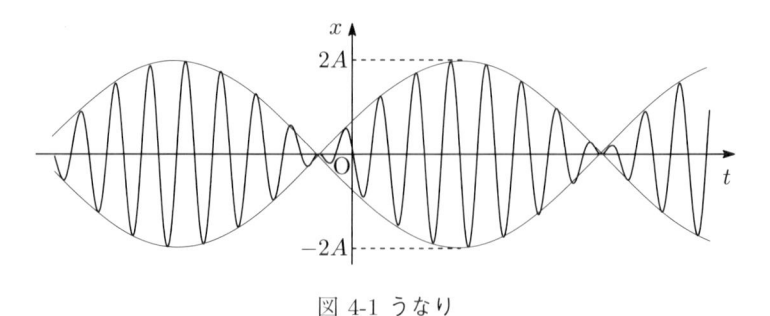

図 4-1 うなり

■ ここで興味深いのは，ω_1 と ω_2 がごくわずかに異なった場合である．ω_1 と ω_2 の差は小さいから，式 (4.8) の余弦関数の周期は，正弦関数のそれに

比べて非常に長く，合成振動は 0 から $2A$ の間でゆるやかに変化する振幅

$$\left|2A\cos\left(\frac{\omega_1-\omega_2}{2}t+\frac{\phi_1-\phi_2}{2}\right)\right| \tag{4.9}$$

の単振動と考えてよい．その様子を図 4-1 に示す．このような角振動数がわずかに違った単振動の合成の結果，振幅が緩やかに変わる単振動が生じる現象を一般にうなりという．次章で学ぶように，2 つの波動が同一点に到達したときは振動の合成が生じるので，うなりの現象が起きることがある．例えば，楽器の音合わせの際に，基準の音叉と楽器を同時に鳴らせるとうなりが生じる．そのうなりを消すように楽器を調整することによって基準の振動数の音を出すようにするのである．

■ 次に，うなりの現象が生じているとき，うなりの振動数，つまり単位時間に振幅の最大が現れる回数 N を求めてみよう．図 4-1 からわかるように，振幅を表す式 (4.9) の中の余弦関数の 1 周期に，2 回の最大振幅が現れるため，うなりの周期は，この余弦関数の周期の 1/2 倍である．したがって，

$$N = 2\times\frac{|\omega_1-\omega_2|/2}{2\pi}=\left|\frac{\omega_1}{2\pi}-\frac{\omega_2}{2\pi}\right|=|\nu_1-\nu_2| \tag{4.10}$$

となり，合成する 2 つの単振動の振動数の差がうなりの振動数となる．

4.2　一般の周期運動とフーリエ級数展開

4.2.1　周期運動

■ **周期運動**　2.1 節で学んだ単振動は，周期運動の 1 つである（図 4-2 参照）．周期運動とは，周期と呼ばれる時間 T だけ経つと元の運動状態に戻り，これを繰り返す運動である．したがって，一般の周期運動は図 4-3 に示すように，1 周期の間の変化は複雑であっても，運動を表現する関数 $x(t)$ が，任意の時刻 t に対して

$$x(t+T) = x(t) \tag{4.11}$$

図 4-2 単振動

を満たすものである．単振動を表す関数は正弦関数という基本的な周期関数であるが，一般の周期運動は，1 周期の振動の様子が複雑であり，これを簡単な関数によって表すことは難しそうである．しかし，次に示すように，任意の周期関数の場合にも，最も基本的な周期関数である正弦関数と余弦関数を用いて表現することができる．

■ **基本振動と倍振動の合成**　まず，周期 T の単振動は

$$x_1 = x_1(t) = A_1\sin(\omega t) = A_1\sin\left(\frac{2\pi}{T}t\right) \tag{4.12}$$

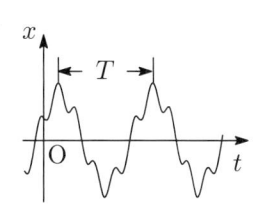

図 4-3 一般の周期運動

で表される．次に，周期 $T/2$ の単振動を考えると

$$x_2 = x_2(t) = A_2 \sin\left(\frac{2\pi}{T/2}t\right) = A_2 \sin\left(\frac{4\pi}{T}t\right) \quad (4.13)$$

であるが，この単振動 $x_2 = x_2(t)$ も時間 T だけ経つと元に戻るので，周期 T の周期運動の 1 つとみなすことができる．周期 T の周期運動を考えるとき，単振動 $x_1 = x_1(t)$ を**基本振動**と呼び，単振動 $x_2 = x_2(t)$ を **2倍振動**と呼ぶ．これらを合成した関数

$$x = x(t) = x_1(t) + x_2(t) = A_1 \sin\left(\frac{2\pi}{T}t\right) + A_2 \sin\left(\frac{4\pi}{T}t\right) \quad (4.14)$$

を作ると，関数 $x = x(t)$ は，明らかに周期 T の周期運動を表す関数である．この関数をグラフ上の合成によって示すと，図 4-4 からわかるように，周期 T の多少複雑な周期運動を表現することができる．周期 T の基本振動に対して，整数分の 1 の周期 T/n $(n = 1, 2, 3, \cdots)$ の振動を，一般に **n 倍振動**という．周期は $1/n$ 倍であるが，振動数が n 倍となるため n 倍振動という．以上から，周期 T の任意の周期運動は，基本振動と多くの倍振動の合成によって実現することができると予想されるが，次のフーリエの級数展開定理によって，数学的に正しいことが示される．

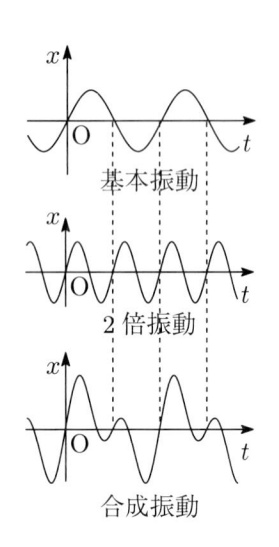

図 4-4 基本振動と 2 倍振動の合成

1) フーリエ (1768-1830): フランスの数学者，物理学者．

4.2.2 フーリエ級数展開

■ **フーリエ級数展開定理** フーリエ級数展開定理[1]によれば，周期 T の任意の周期関数 $f(t)$ は，周期 T の整数分の 1 を周期とする cos 関数，sin 関数，つまり，$\cos\left(\frac{2\pi}{T/n}t\right), \sin\left(\frac{2\pi}{T/n}t\right)$ を用いて

$$f(t) = \frac{a_0}{2} + \sum_{n=1}^{\infty} \left\{ a_n \cos\left(\frac{2\pi n}{T}t\right) + b_n \sin\left(\frac{2\pi n}{T}t\right) \right\} \quad (4.15)$$

のように級数展開できる．ただし，級数展開 (4.15) の係数 a_0, a_n, b_n は，

$$a_0 = \frac{2}{T}\int_0^T f(t)\,dt, \quad (4.16)$$

$$a_n = \frac{2}{T}\int_0^T f(t)\cos\left(\frac{2\pi n}{T}t\right)dt, \quad (4.17)$$

$$b_n = \frac{2}{T}\int_0^T f(t)\sin\left(\frac{2\pi n}{T}t\right)dt \quad (4.18)$$

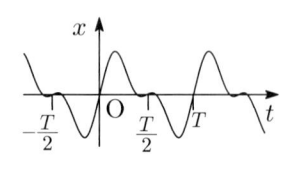

図 4-5 周期運動の積分範囲

となる積分計算によって得られる．

■ 積分範囲は周期 T の間の任意の区間を取っても同じであるが，ここでは区間を $[0, T]$ に取っている．これを区間 $[-T/2, T/2]$ に取ることもあり

(図 4-5 参照），この場合には，級数展開係数は

$$a_0 = \frac{2}{T} \int_{-T/2}^{T/2} f(t)\, dt, \tag{4.19}$$

$$a_n = \frac{2}{T} \int_{-T/2}^{T/2} f(t) \cos\left(\frac{2\pi n}{T} t\right) dt, \tag{4.20}$$

$$b_n = \frac{2}{T} \int_{-T/2}^{T/2} f(t) \sin\left(\frac{2\pi n}{T} t\right) dt \tag{4.21}$$

で与えられる．この表式は，関数 $f(t)$ が奇関数，偶関数のときは都合がよい表式である（章末問題 4.1 参照）．

■ このようにフーリエ級数展開定理により，与えられた周期運動を，基本振動と多くの倍振動の合成として理解することができるという予想が確かめられた．そして，周期関数 $f(t)$ を決めているのは，式 (4.15) の展開係数 a_n, b_n であるから，周期運動が，基本振動に加え，そのような倍振動がどのような大きさで含まれているかによって，特徴づけられることもわかった．また，この定理は，空間的な周期関数 $f(x)$ に対しても当然適用され，後で波動を扱うとき，周期的な波動を多くの正弦波の合成波とみなす議論の数学的な根拠ともなる．

課題 4-2 付録の「三角関数の直交性」を用い，「フーリエ級数展開係数の導出」に従って，式 (4.16), (4.17), (4.18) を導け．

例題略解

例題 4.1 $x_1 = 3\sin(\pi t)$, $x_2 = 4\cos(\pi t) = 4\sin(\pi t + \pi/2) \longrightarrow A_1 = 3$, $\phi_1 = 0$, $A_2 = 4$, $\phi_2 = \pi/2$. 式 (4.5), (4.6) を用いて，
$A = \sqrt{3^2 + 4^2 + 2 \cdot 3 \cdot 4 \cos(0 - \pi/2)} = 5$,
$\tan\phi = \dfrac{3\sin(0) + 4\sin(\pi/2)}{3\cos(0) + 4\cos(\pi/2)} = 4/3$
$\longrightarrow x = x_1 + x_2 = 5\sin(\pi t + \arctan(4/3))$. また，この場合は，$x = 3\sin(\pi t) + 4\cos(\pi t)$ に直接三角関数の合成を用いて，簡単にこの結果を出すこともできる．

章末問題

問題 4.1 積分領域を $[-T/2, T/2]$ に取って，フーリエ級数展開係数を求める表式 (4.19), (4.20), (4.21) は，$f = f(t)$ が $f(-t) = -f(t)$ を満たす奇関数や $f(-t) = f(t)$ を満たす偶関数の場合には計算と結果が簡単になる．$f(t)$ が奇関数の場合は，展開係数は

$$a_0 = 0, \ a_n = 0 \tag{4.22}$$

$$b_n = \frac{4}{T} \int_0^{T/2} f(t) \sin\left(\frac{2\pi n}{T} t\right) dt \tag{4.23}$$

であり，$f(t)$ が偶関数の場合は，展開係数は

$$a_0 = \frac{4}{T} \int_0^{T/2} f(t) dt, \ a_n = \frac{4}{T} \int_0^{T/2} f(t) \cos\left(\frac{2\pi n}{T} t\right) dt, \tag{4.24}$$

$$b_n = 0 \tag{4.25}$$

であることを示せ．

問題 4.2 次の周期関数のフーリエ級数展開を行え．

(1) $f(t) = t \quad (0 \leqq t \leqq T)$

(2) $f(t) = t \quad (-T/2 \leqq t \leqq T/2)$

(3) $f(t) = \begin{cases} -t & (-T/2 \leqq t \leqq 0) \\ t & (0 \leqq t \leqq T/2) \end{cases}$

第5章 波動とその表現

5.1 波動

これまでは振動現象を学んだが，連続的に拡がった物体（**連続体**）[1] の一部が振動すると，その振動が次々に周囲に伝わり拡がっていく．これを**波**または**波動**という．この章以降では，波動現象について学ぼう．

[1) 弦は1次元，水面は2次元，空気などの気体は3次元的な連続体の例である．]

5.1.1 振動の伝播としての波動

■ **身の回りの波動**　池に小石を投げると，水面に波紋が拡がっていく．水面の波は，振動が波として伝わって行く様子を直接観察できる良い例である．津波も水を媒質とする波であるが，我々のよく見る水面波とは，大きな性質の違いがある．また，長いひもの一端を固定し，他端を手で持って振ると，ひもの振動が固定した端に向かって進むのが見られる．空気中で物体が振動すると，周囲の空気の圧力に微小な変化が生じて，空気が振動し，これが空気中を音波として伝わり，音として耳で聞くことができる．

■ **波動と媒質**　ある連続体の一部分が振動すると，その隣の部分に力が加わり，隣の部分も振動し始める．このようにして，振動が有限の速さで次々と隣り合った部分に伝わっていく現象が生じる．この振動の伝播現象を**波**または**波動**という．そして，波動を伝える連続体を**媒質**という．波動は媒質中を伝わるが，媒質の各部分は振動しているだけであり，媒質そのものが移動するわけではない．波動は自然界で，極めて多く見られる現象である．後に述べるように，どのような波動も共通して，反射，屈折，透過，干渉，回折など特有な性質を示す．

■ **波動による情報とエネルギー伝達**　人間は，多くの波動現象を利用して生活している．講義においては，講義者の話や黒板に書いた字を，音波や光波を用いて学生諸君に伝えているし，テレビやラジオや携帯電話は電波を使って情報通信を行っている．このように，人間は，振動の上に信号として情報をのせて，これを波動として離れた場所に送ることができる．また，波動は媒質の各部分が振動することで持つエネルギーを振動の伝播に伴って周りに送り出す．したがって，波動を利用して，エネルギーを離れた場所に送ることができることになる．人間のみならず生物の活動を支えているエネルギーは，太陽から地球上に降り注ぐ光波が運んできたエネ

ルギーである．

5.1.2 媒質と波動の種類

■ **いろいろな媒質を伝わる波動** 我々の身の回りには，いろいろな物体を媒質とするさまざまな波動が存在する．金属やゴムなどの固体は，外から力を加えると変形し，変形が小さいときは外からの力を取り去ると元の形に戻る．このような固体を**弾性体**という．弾性体に外から力を加えると力の大きさに比例した変形が生じる．長い弾性体の棒の一端をたたくと，そこで生じた振動が棒を伝わっていくが，このような弾性体を媒質として伝わる波動を**弾性波**という．気体は圧縮や膨張に対しては，弾性体と同様に反応する．空気という媒質を伝わる波動が，すでに述べた**音波**である．水面の波は，水を媒質とする波動である．上で挙げた波動は，弾性体や空気や水という物質を媒質とする波動である．この場合の媒質の振動は，媒質の微小部分の平衡位置からの変位の時間的な変化で表現される．

■ **電磁波** 我々が自然界で出会うほとんどの波動の媒質は物質である．しかし，光や電波などの**電磁波**は，物質のない真空中を伝わることが知られている特別な波動である．このため電磁波の媒質は物質ではなく，空間そのものであると考えなくてはならない．電磁波を伝える空間を**電磁場**という．したがって，電磁波の媒質は電磁場である．そして，電磁場の振動は，電磁場を特徴づける電場ベクトル E，磁場ベクトル H の時間的変化で表される．

■ **縦波と横波** 図5-1のように，振動による媒質の変位方向が波動の伝播方向と一致する波を**縦波**[2]といい，互いに直交する波を**横波**という．音波は縦波であり，弦を伝わる波や電磁波は，横波であることが知られている．弾性波には縦波も横波も存在する．地殻を媒質とする地震波にも縦波（P波）と横波（S波）[3]が存在し，通常は，P波が到達した後，S波が到達する．また，よく目にする水波は典型的な横波のように思われるが，媒質である水の実際の動きは複雑で，縦波でも横波でもない．

■ このように，波の媒質や伝わり方は，波動によって異なるが，波動にはその種類によらない共通の性質がある．次に，まず波動を表現する方法について学ぼう．

---

2) 縦波のときには，媒質の密度が変化するため，**疎密波**ともいう．

3) P波は primary wave，S波は secondary wave であり，緊急地震速報はP波が地殻を伝わる速度がS波よりも約1.7倍速いことを利用している．

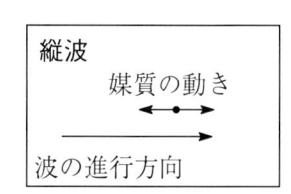

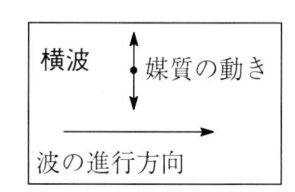

図 5-1 縦波と横波

5.2 波動関数

5.2.1 一般の波動関数

■ **1次元の進行波** 波動の性質を理論的に述べるためには，波動を数学的に表す必要がある．波動を簡単に取り扱うため，弦を伝わる波のように，物質媒質中を一直線状に伝わる1次元の**進行波**を考えよう[4]．

■ **波動関数** 波動の進行する直線上に x 軸を取る．位置 x にある媒質の微小部分が，時刻 t に ξ だけ変位したとする[5]．媒質の変位 ξ を，その位置 x と時刻 t の関数として

$$\xi = \xi(x,t) \tag{5.1}$$

と表せば，波動の伝わる様子を表すことができる．この関数を**波動関数**という．波動関数がどのような関数であるかが波動を特徴づける．

■ **波形と振動** 最も簡単な1次元の波動でも，その波動関数は2変数関数であるため，平面上のグラフは描けない．そこで，時刻 t を固定し，$t = t_0$ における媒質の変位 $\xi = \xi(x, t_0)$ を考え，位置 x の関数とみなすと，図5-2のように表すことができる．これは時刻を決めたときの波の空間的な形，つまり**波形**を表している．また，位置 x を固定し，$x = x_0$ における媒質の変位 $\xi = \xi(x_0, t)$ を時刻 t の関数とみなすと，図5-3のように表すことができる．これは，特定の位置にある媒質の微小部分の**振動**の様子を表している．

5.2.2 波形を変えないで進む波動

■ 一般の進行波は時間とともに次第に弱くなるなど，波形が変化することが多い．ここでは，進行波を単純な形で取り扱うために，波形を変えずに，一定の速さで伝わる進行波を考えよう．

■ 図5-4に示すように，時刻 $t = 0$ において波形が

$$f(x) = \xi(x, 0) \tag{5.2}$$

で表される波動が，一定の速さ v で x 軸の正方向へ伝わるとする．時刻 t における波形は，$f(x)$ がそのまま vt だけ x の正方向へ平行移動したものであるから，$f(x - vt)$ となる．これは任意の位置 x，時刻 t での媒質の変位 ξ を表すので，波動関数 $\xi(x, t)$ は

$$\xi(x,t) = f(x - vt) \tag{5.3}$$

---

4) ここでは，波は進行することを当然の前提として考えてきたが，後で，進行しない波を扱うので，進行する通常の波を強調して進行波と呼ぶ．

ξ：グザイ（小文字）

5) 位置 x を空間座標といい，時間 t を時間座標ということがある．変位 ξ が，x 軸方向ならば縦波，x 軸に垂直な方向ならば横波である．

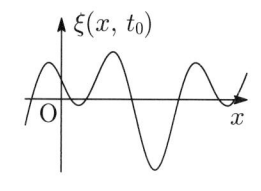

図 5-2 波形

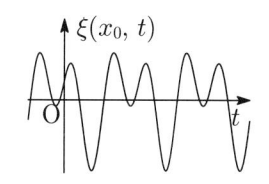

図 5-3 振動

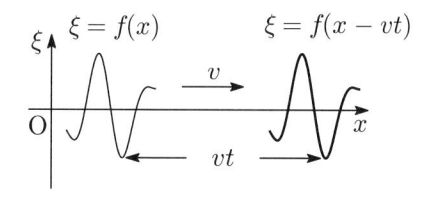

図 5-4 波形を変えないで進む波動

で表される．同様に，速さ v で x 軸の負方向へ伝わる波の波動関数は

$$\xi(x,t) = f(x+vt) \tag{5.4}$$

である．

■ 一般の波動関数は，式 (5.1) のように，本来 2 つの独立な変数 x, t の関数であるが，波形を変えないで進行する波動の波動関数は，式 (5.3) と (5.4) からわかるように，2 つの変数 x, t がまとまって作る 1 つの変数 $(x-vt)$ または $(x+vt)$ の関数となる．これが波形を変えずに，一定の速さで伝わる波動の基本的な特徴である．波形は f がどのような関数であるかによって決まる．

課題 5-1 x 軸の正の向きに速さ v で動く X 軸に静止した波形 $f(X)$ を，位置 x を用いて表すと，式 (5.3) となり，同様に，x 軸の負の向きに速さ v で動く X' 軸に静止した波形 $f(X')$ を，位置 x を用いて表すと，式 (5.4) となることを確かめよ．

5.3 正弦波

5.3.1 正弦波の波動関数

■ **正弦波** 波形が正弦関数で表される波動を**正弦波**という．x 軸の正方向に速さ v で進む正弦波の波動関数を考える．式 (5.3) から，x 軸の正方向へ伝わる速さ v の波動関数は，変数が $(x-vt)$ とまとまった形で入る正弦関数の一般形

$$\xi(x,t) = A\sin\{k(x-vt)+\phi\} \tag{5.5}$$

で表される．ここで，A, k, ϕ は正弦波を特徴づける定数である．正弦関数の性質を用いると，$A, k > 0, 0 \leqq \phi < 2\pi$ に取っても一般性は失われない．また，定数 ω を

$$\omega = kv \tag{5.6}$$

とすると，正方向に進む正弦波の波動関数 (5.5) は

$$\xi(x,t) = A\sin(kx - \omega t + \phi) \tag{5.7}$$

と表現し直すことができる．以降，この波動関数の表現式をおもに用いる．同様にして，x 軸の負方向へ伝わる正弦波の波動関数は

$$\xi(x,t) = A\sin(kx + \omega t + \phi) \tag{5.8}$$

と表すことができる．さらに，この表現式で定数 ϕ を $-\phi + \pi$ と置き換えると[6]，x 軸の負方向へ伝わる正弦波の波動関数は

---

6) $\sin(\theta - \phi + \pi)$
$= -\sin(\theta - \phi)$
$= \sin(-\theta + \phi)$

$$\xi(x,t) = A\sin(-kx - \omega t + \phi) \tag{5.9}$$

とも書き表すことができる．この表現式は，波動関数の時刻依存性が正の向きに進む正弦波の場合と同じで，進む向きの違いが，定数 k の符号の違いとして表されるので，この表現の方が都合の良いことがある．

課題 5-2 正弦波を決める 2 つの定数を，$A, k > 0, 0 \leqq \phi < 2\pi$ に取っても一般性は失われない理由を正弦関数の性質から導け．

■ **正弦波の波形と振動** 正弦波の時刻 $t=0$ における波動関数

$$\xi = \xi(x,0) = A\sin(kx + \phi) \tag{5.10}$$

を位置 x の関数としてグラフに描くと，波形を示す図 5-5 が得られる．波形を表すグラフで媒質の変位 ξ が最大となるところを波の山と呼び，媒質の変位 ξ が最小となるところを波の谷と呼ぶ[7]．この波形を表す関数は，位置 x の正弦関数であるので，正弦波は，同じ波形が繰り返し現れ，どこまでも続く理想化された波動であることがわかる．次に，正弦波の位置 $x=0$ における波動関数

$$\xi = \xi(0,t) = A\sin(-\omega t + \phi) \tag{5.11}$$

を時刻 t の関数としてグラフに描くと，振動を示す図 5-6 が得られる．当然，この振動も正弦関数で表されるため，単振動であることがわかる．したがって，正弦波は単振動が伝播するときの波動であるといえる．正弦波は，媒質が減衰することなくいつまでも単振動し，波が無限の彼方まで続いているという理想化された波であり，現実には存在しない．しかし，正弦波はさまざまな波動の中で最も基本的な波動であり，いろいろな波動を理解する上で基本となる．

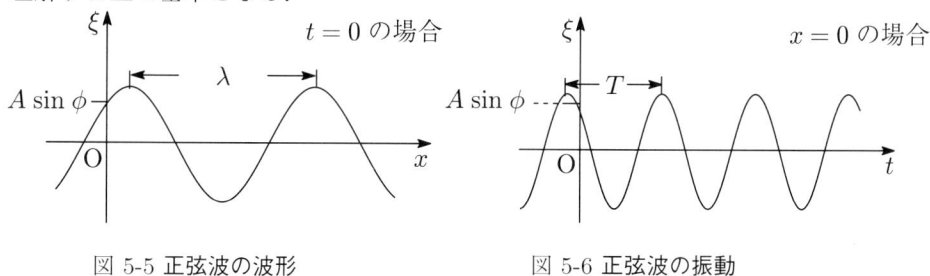

7) 正確に表現すれば，後で学ぶ位相という用語を用いて，位相が，π の偶数倍のときが「山」であり，奇数倍のときが「谷」である．

図 5-5 正弦波の波形　　　図 5-6 正弦波の振動

■ **正弦波の波動関数の周期性** 正弦関数は，位相を表す変数 θ の任意の値に対して

$$\sin(\theta + 2\pi) = \sin\theta \tag{5.12}$$

が成り立つ．つまり，変数 θ が 2π だけ増えると，正弦関数の値は元に戻り，同じ変化が繰り返される．この性質を「正弦関数は周期 2π の周期関数である」と表現する[8]．図 5-5 と図 5-6 で示されるように，正弦波の波動関数 (5.7) は，位置 x に関しても時間 t に関しても**周期性**を持つ．

8) このため，位相が 2π の整数倍だけ違っていても同一視し，位相が同じであると表現する．

5.3.2 正弦波を特徴づける諸定数

■ **波動関数に現れる諸定数** 式 (5.5) または，式 (5.7) で与えられる正弦波を表す波動関数

$$\xi(x,t) = A\sin\{k(x-vt)+\phi\} = A\sin(kx-\omega t+\phi)$$

において，正弦関数の引数 $\{k(x-vt)+\phi\} = (kx-\omega t+\phi)$ を正弦波の**位相**という．波動関数の中に現れる定数 A, k, ϕ は，単振動を表現するときと同じように，最大の変位を表す定数 A を**振幅**，定数 ϕ を**位相定数**，ω を**角振動数**という．正弦波の波動関数に初めて出てきた定数 k を**波数**と呼ぶ．波の伝わる速さ v は，正弦波の場合は，位相が一定となる点が，移動する速さなので，**位相速度**と呼ぶ[9]．

■ **波長** 波形を表す図 5-5 に示す空間的な周期 λ を**波長**と呼ぶ．座標 x が波長 λ だけ変化すると，位相は正弦関数の周期 2π だけ変化するため

$$k\lambda = 2\pi \longrightarrow \lambda = \frac{2\pi}{k} \tag{5.13}$$

が成り立つ．これにより，波動関数 (5.7) で表された正弦波の波長が決まる．また，これを書き直して，

$$k = \frac{2\pi}{\lambda} \tag{5.14}$$

とすると，k は単位長さあたりの波の数 $\frac{1}{\lambda}$ の 2π 倍となっている[10]．

■ **周期と振動数** 振動を表す図 5-6 に示す時間的な周期 T は単に**周期**と呼ぶ．周期 T だけ時間が経過するとやはり位相は 2π だけ変化するため

$$\omega T = 2\pi \longrightarrow T = \frac{2\pi}{\omega} \tag{5.15}$$

となり，波動関数 (5.7) で表された正弦波の周期が決まる．また，これを書き直すと，

$$\omega = \frac{2\pi}{T} \tag{5.16}$$

である．単振動の場合と同様に

$$\nu = \frac{1}{T} = \frac{\omega}{2\pi} \tag{5.17}$$

を**振動数**といい，単位時間あたりの振動の数となる．これより，

$$\omega = 2\pi\nu \tag{5.18}$$

となり，ω は振動数 ν の 2π 倍であるので，角振動数と呼ばれるのである．

■ **波長と周期で表した波動関数** 波動関数 (5.7) のように，正弦波を特徴づける物理量として，波数 k，角振動数 ω を使う方が理論的には都合が良

---

[9] 位相を一定とすると，$x - vt =$ 定数 であり，$x = vt +$ 定数 となるから，$\frac{dx}{dt} = v$ は位相が一定となる点の移動速度を表す．

λ：ラムダ（小文字）

[10] $1/\lambda$ を波数といい，式 (5.14) の k をこの関係から角波数というべきであるが，習慣的に k を波数と略称する．分光学で波数というと $1/\lambda$ を表すことが多い．

い．しかし，波長 λ，周期 T や，振動数 ν を用いた方が，物理的に理解しやすい．式 (5.14) と式 (5.16) を用いて，k や ω を λ や T に置き直すと，正弦波の波動関数 (5.7) は次のようになる．

$$\xi = A\sin\left\{2\pi\left(\frac{x}{\lambda} - \frac{t}{T}\right) + \phi\right\} \tag{5.19}$$

また，位相速度 v を，式 (5.6) から式 (5.14) および (5.18) を用いて書き直すと

$$v = \frac{\omega}{k} = \frac{2\pi\nu}{2\pi/\lambda} = \lambda\nu \tag{5.20}$$

となり，物理的に理解しやすい波長 λ と振動数 ν で表すことができる．

■ **正弦波の複素指数関数表示** 単振動を複素指数関数を用いて表現したように，正弦波の波動関数を複素指数関数を用いて表現することができる．x 軸の正の向きへ進む正弦波は，複素波動関数

$$\xi(x,t) = Ae^{i(kx - \omega t + \phi)} \tag{5.21}$$

で表し，負の向きへ進む正弦波は，複素波動関数

$$\xi(x,t) = Ae^{i(-kx - \omega t + \phi)} \tag{5.22}$$

で表すことができる．複素波動関数 (5.21) と (5.22) の虚部が，それぞれ実波動関数 (5.7) と (5.9) となっている．

例題 5.1 $\xi(x,t) = 0.5\sin(0.4x - 6t)$ で表される正弦波の位相速度 v，周期 T，振動数 ν，波長 λ を求めよ．式の中の数値は，MKS 単位系を用いた数値である．

5.3.3 波動の強度

■ **波動のエネルギーの伝播** 5.1.1 項で述べたように，波動は媒質の振動が次々と伝わっていく現象であり，媒質そのものが波の伝播に伴って移動するわけではない．しかし，波の伝播とともにエネルギーは伝達される．媒質の各部分は力を及ぼし合っており，媒質のある部分が振動すると隣の媒質に力を加え振動させるが，このことによって隣の媒質に仕事をしてエネルギーを受け渡す．したがって，媒質の各部分が振動することによって持つ振動のエネルギーが，波の伝播とともに伝えられていくと捉えることができる．

11) ‾ は空間平均を表す．

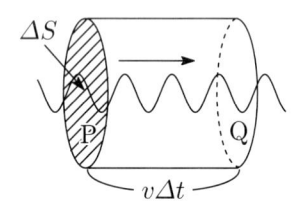

$\mathcal{E}$: イー（カリグラフ版筆記体大文字）

ρ : ロー（小文字）

図 5-7 波動の強度

12) 実用上は振動数で議論することが多い．式 (5.18) によれば，振動数 ν の 2 乗に比例するともいえる．

■ **エネルギー密度** 媒質の単位体積当たりの振動のエネルギー $\overline{\mathcal{E}}$ [11] を**振動のエネルギー密度**という．正弦波の場合は，媒質の各部分は角振動数 ω で振動しているのであるから，媒質の密度を ρ とすれば，式 (2.18) より，正弦波の振動のエネルギー密度 $\overline{\mathcal{E}}$ は

$$\overline{\mathcal{E}} = \frac{1}{2}\rho A^2 \omega^2 \tag{5.23}$$

となる．

■ **強度** 一般に波動が進む方向に垂直な単位面積を通して，単位時間に伝えるエネルギー量を**波動の強度**といい，I で表す．具体的に位相速度 v の正弦波の場合を考えよう．図 5-7 のように，正弦波は，垂直なある断面 P を通過した後，時間 Δt 後に距離 $v\Delta t$ だけ離れた断面 Q に到達する．したがって，断面 P, Q の面積を ΔS とすると，体積が $\Delta V = (v\Delta t)\Delta S$ の領域に含まれた振動のエネルギー

$$\overline{\mathcal{E}}\Delta V = \overline{\mathcal{E}}(v\Delta t)\Delta S \tag{5.24}$$

が，隣の領域に伝達されると考えられる．したがって，正弦波の波動強度は，その定義より

$$I = \frac{\overline{\mathcal{E}}\Delta V}{\Delta t \Delta S} = v\overline{\mathcal{E}} = \frac{1}{2}v\rho A^2 \omega^2 \tag{5.25}$$

となり，正弦波の振幅 A の 2 乗と，角振動数 ω の 2 乗に比例する[12]．

例題略解

例題 5.1 $v = \dfrac{\omega}{k} = \dfrac{6}{0.4} = 15$ m/s, $T = \dfrac{2\pi}{\omega} = \dfrac{2\pi}{6} = \dfrac{\pi}{3}$ s, $\nu = \dfrac{3}{\pi}$ Hz, $\lambda = \dfrac{2\pi}{k} = \dfrac{2\pi}{0.4} = 5\pi$ m

章末問題

問題 5.1 波長 $0.07\,\mathrm{m}$,振動数 $500\,\mathrm{Hz}$ での x 軸の正の方向へ伝わる正弦波の波動関数を求めよ.ただし,位相定数は 0 とする.また,この波の速さと波数を求めよ.

問題 5.2 x 軸の正方向に速さ v で伝わる 1 次元の波動がある.原点での振動が $A(t) = A_0 \sin(\omega_0 t)$ で表されるとき,この波動の波動関数を求めよ.

第6章 波動方程式と重ね合わせの原理

6.1 波動方程式

前章では,波動が波動関数 $\xi = \xi(x,t)$ で記述されることを学んだ.ここでは,どのような波動が実現可能かを決めるためには,波動関数が満たすべき方程式を求めなければならない.この方程式を**波動方程式**という.

6.1.1 波形を変えないで進行する波動の波動方程式

■ **進行波の波動関数** 5.2.2項で述べたように,波形を変えないで進む1次元の波動の波動関数は,波の速さを v として,x 軸の正方向に進む場合は,

$$\xi(x,t) = f(x - vt) \tag{6.1}$$

となり,負方向に進む場合は,

$$\xi(x,t) = f(x + vt) \tag{6.2}$$

である.このいずれもが波形を表す関数 f によらず,解となるような方程式は,どのような式となるかを推定しよう.

■ **波動方程式** 波動関数が式 (6.1) の場合,2変数関数 $\xi(x,t)$ を x,t でそれぞれ 2 階偏微分してみる [1].補助変数 u を $u = x - vt$ とし,合成関数の微分の法則を偏微分にも適用すると [2]

$$\frac{\partial \xi}{\partial x} = \frac{df}{du}\frac{\partial u}{\partial x} = \frac{df}{du} \longrightarrow \frac{\partial^2 \xi}{\partial x^2} = \frac{d}{du}\left(\frac{df}{du}\right) \cdot \frac{\partial u}{\partial x} = \frac{d^2 f}{du^2}, \tag{6.3}$$

$$\frac{\partial \xi}{\partial t} = \frac{df}{du}\frac{\partial u}{\partial t} = -v\frac{df}{du} \longrightarrow \frac{\partial^2 \xi}{\partial t^2} = \frac{d}{du}\left(-v\frac{df}{du}\right) \cdot \frac{\partial u}{\partial t} = v^2 \frac{d^2 f}{du^2} \tag{6.4}$$

が得られる.これら2式から $\dfrac{d^2 f}{du^2}$ を消去すると,$\xi = \xi(x,t)$ に関する方程式

$$\frac{\partial^2 \xi}{\partial t^2} = v^2 \frac{\partial^2 \xi}{\partial x^2} \tag{6.5}$$

---

[1] 多変数関数の場合,そのうちの1変数のみを変数とみなして微分を行うことを**偏微分**という.その他の変数は定数とみなすのである.これまで扱ってきた1変数関数の場合の微分を**常微分**と呼ぶ.そして,例えば変数 x で微分するときも,常微分の場合は記号 $\dfrac{d}{dx}$ で,偏微分の場合は記号 $\dfrac{\partial}{\partial x}$ で表し区別する.

[2] $\dfrac{\partial u}{\partial x} = 1$, $\dfrac{\partial u}{\partial t} = -v$

46　第6章　波動方程式と重ね合わせの原理

が導かれる．この方程式は，v を $-v$ に置き換えても同じであるから[3]，波動関数 (6.2) も満足する．この場合は，補助変数を $u = x + vt$ と置いて，同様な計算を波動関数 (6.2) に行えば直接確かめることができる．また，この結果は，関数 f に依存しないため，どんな波形の波動もこれを満足する．したがって，方程式 (6.5) を，波形を変えないで進行する波動の波動方程式とみなすことができる．

3) 2階偏微分にしたのは波の進行方向（v の符号）に依存しないためである．

■ **波動方程式の解の形**　波動方程式 (6.5) は，**2階偏微分方程式**である．この方程式の一般解は，2つの任意の関数 f, g を用いて

$$\xi(x,t) = f(x-vt) + g(x+vt) \tag{6.6}$$

と表されることがわかっている[4]．つまり，波動方程式 (6.5) を満たす波動関数は，波動方程式に現れる定数 v を位相速度とする正方向に進む任意の波形の波動と，負方向に進む任意の波形の波動の波動関数の和となる．したがって，波動方程式 (6.5) の解は必ずしも波形を変えないで進む波動の波動関数とは限らない．

4) 力学で，運動方程式という微分方程式を扱ったが，正確には未知関数 $x = x(t)$ についての2階常微分方程式である．そのときには，一般解に，2つの任意定数である積分定数が現れた．比較すると興味深い．

■ **媒質と波動の速さ**　波動は**波源**が媒質の一部を振動させ，その振動が次々に隣の媒質に伝わることによって生み出される．どのような振動が引き起こされるかは，波源の振動によって決まるが，作り出された波動がどのような速さで伝わるかは，媒質によって決まる．そして，波動の速さ v が決まると波動方程式が定まる．したがって，波動方程式はその波動がどのような媒質を伝わる波であるかによって決まる．これから取り上げる弦を伝わる横波と弾性棒を伝わる縦波により，具体的に媒質の物理的な性質から波の速さが決まることを学ぶ．

6.1.2　弦を伝わる横波の波動方程式

■ 波動は媒質の各部分が振動することにより，その振動が隣り合った部分に伝わる現象であることを先に述べた．そこで弦の振動を取り上げ，媒質である弦の微小部分の運動方程式から波動方程式 (6.5) を導いてみよう．

■ **線密度**[5] σ の一様な弦に大きさ τ の張力を加えて張り，この弦を弾いて横波を生じさせる．取り扱いやすくするため，弦の振動は十分に小さいとする．この場合，弦の垂直方向の変位と弦の傾きの絶対値は小さく，弦に働く張力の大きさも一定であると考えてよい．

5) 単位長さ当たりの質量．σ：シグマ（小文字）

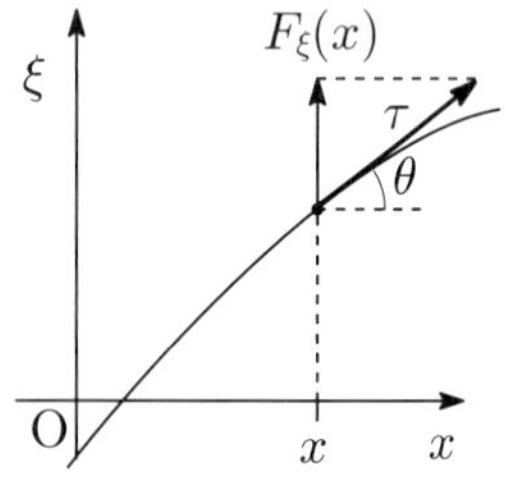

■ 図 6-1 のように，張られた弦の方向を x 軸，弦の変位の方向を ξ 軸にする．波が伝わるとき，弦はなめらかな曲線を描き，弦の張力の大きさは一定であるが，その向きはいつも弦の接線方向であるから，弦の接線の傾きが変われば，張力の ξ 成分は変化する．位置 x の点での弦の接線の傾き角を θ とすると，その点で右向きに働く張力の ξ 成分 $F_\xi(x)$ は

$$F_\xi(x) = \tau \sin\theta \tag{6.7}$$

図 6-1 張力の ξ 成分

となる．角度 θ が十分小さい場合 ($|\theta| \ll 1$) には，近似式 $\sin\theta \approx \tan\theta$ が成立する[6]．さらに，$\tan\theta$ は弦の接線の傾きを表すため，波動関数 $\xi(x,t)$ の x に関する微係数 $\dfrac{\partial \xi}{\partial x}$ で与えられる．以上から，$F_\xi(x)$ は

$$F_\xi(x) = \tau \tan\theta \longrightarrow F_\xi(x) = \tau \frac{\partial \xi}{\partial x} \tag{6.8}$$

となることが導かれる．

[6] 記号 $\approx$ は，ほとんど同じという近似値であることを表す．

■ **弦の微小部分が受ける力** 次に，図 6-2 のように，弦の微小長さ Δx の部分 AB の運動を考える．端点 A, B の座標は $x, x + \Delta x$ とする．端点 A において左向きに働く張力の ξ 成分 $-F_\xi(x)$ と，端点 B において右向きに働く張力の ξ 成分 $F_\xi(x + \Delta x)$ の和が，微小部分 AB に働く力の ξ 成分である．これを f_ξ で表すと，

$$f_\xi = F_\xi(x + \Delta x) - F_\xi(x) \approx \frac{\partial F_\xi(x)}{\partial x} \Delta x \tag{6.9}$$

である[7]．さらに，式 (6.8) の結果を用いると

$$f_\xi = \frac{\partial}{\partial x}\left\{\tau \frac{\partial \xi}{\partial x}\right\} \Delta x = \tau \frac{\partial^2 \xi}{\partial x^2} \Delta x \tag{6.10}$$

と表される．これが，微小部分 AB が受ける力の ξ 成分である．

[7] ここで，任意関数 $\varphi(x)$ をテーラー展開の 1 次の項までで近似すると
$\varphi(x + \Delta x)$
$\approx \varphi(x) + \dfrac{d\varphi(x)}{dx}\Delta x$
であることを用いた．

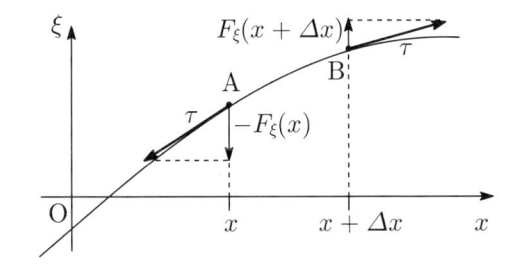

図 6-2 弦の微小部分が受ける力

■ **弦の微小部分の運動方程式** また，弦の微小部分 AB の質量 Δm は

$$\Delta m = \sigma \cdot \Delta x \tag{6.11}$$

であり，ξ 方向の加速度 a_ξ は

$$a_\xi = \frac{\partial^2 \xi}{\partial t^2} \tag{6.12}$$

である．これらと微小部分 AB が受ける力 (6.10) を用いると，微小部分 AB の ξ 方向の運動方程式として

$$\begin{aligned}a_\xi = \frac{1}{\Delta m} f_\xi &\longrightarrow \frac{\partial^2 \xi}{\partial t^2} = \frac{1}{\sigma \cdot \Delta x}\left\{\tau \frac{\partial^2 \xi}{\partial x^2}\Delta x\right\} \\ &\longrightarrow \frac{\partial^2 \xi}{\partial t^2} = \frac{\tau}{\sigma}\frac{\partial^2 \xi}{\partial x^2}\end{aligned} \tag{6.13}$$

なる方程式が得られる．

■ 弦の微小部分の運動方程式 (6.13) において

$$v \equiv \sqrt{\frac{\tau}{\sigma}} \tag{6.14}$$

と定義すると，

$$\frac{\partial^2 \xi}{\partial t^2} = v^2 \frac{\partial^2 \xi}{\partial x^2} \tag{6.15}$$

となり，これは波動方程式 (6.5) と一致する．このことにより弦には波形を変えないで進行する横波が生じ，その位相速度 v は，式 (6.14) であることがわかった．この結果より，張力 τ が大きいほど，また線密度 σ が小さくなるほど，速度 v が大きくなることがわかる．方程式 (6.15) が弦を伝わる横波の波動方程式である．

例題 6.1 $\sqrt{\dfrac{\tau}{\sigma}}$ の次元を調べて，速さの次元となることを示せ．

6.1.3 弾性棒を伝わる縦波

■ **フックの法則**　固体の両端に力を加えると変形し，変形が小さいときには，力を除くと元の形に戻る．このような性質を**弾性**，その固体を**弾性体**という．一般に，外からの力が小さく変形も小さいときには，変形の大きさは外力の大きさに比例する．これを**フックの法則**[8]という．長さ l，断面積 S の一様な弾性棒（1 次元弾性体）の両端に大きさ F の力を加えて引っ張る（押し縮める）とき，Δl だけ伸びた（縮んだ）とすると，フックの法則は

$$\frac{F}{S} = Y \frac{\Delta l}{l} \tag{6.16}$$

と表される．ここで，$\dfrac{F}{S}$ を**応力**，$\dfrac{\Delta l}{l}$ を**伸びの割合**と呼び，比例定数 Y を**ヤング率**[9]，または，**伸び弾性率**という．したがって，フックの法則は，「応力は伸びの割合に比例する」といい表すことができる．

■ **弾性棒を伝わる縦波**　一様な弾性棒を x 軸に沿って置き，その一端をたたき，縦方向つまり x 軸方向に振動を与えたときに生じる縦波について考えよう．弾性棒の一部が伸びたり縮んだりすると，隣の部分にフックの法則に従った弾性応力を加え，それによりその部分も変形し，さらに隣に応力を加える．このようにして，弾性棒には次々に変形が縦方向に伝わっていく．これが，弾性棒を伝わる縦波である．波動の進行方向（x 方向）と弾性棒の変位方向（ξ 方向）は一致する．以下では，その波動方程式を，弦の場合と同様に，弾性棒の微小部分の運動方程式から導いてみよう．

---

[8] 弾性に関する法則．フック (1635-1703)：イギリスの物理学者，天文学者．

[9] 弾性体力学の基本定数．ヤングについては，第 9 章の傍注 7) 参照．

6.1. 波動方程式

■ **弾性棒の伸びと応力** まずは波動関数 $\xi = \xi(x,t)$ で記述される波動が伝播するときに，弾性棒の各部分に生じている弾性応力を求めてみよう．図 6-3 のように，平衡位置が x と $(x+\delta x)$ の弾性棒の微小部分 PQ [10] が，波動の伝播によって P$'$Q$'$ に移動すると，P$'$, Q$'$ の位置は $x+\xi(x), (x+\delta x)+\xi(x+\delta x)$ となる．したがって，この長さが $l = (x+\delta x) - x = \delta x$ の微小部分 PQ の伸び Δl は

$$\Delta l = \overline{P'Q'} - \overline{PQ} = [\{(x+\delta x)+\xi(x+\delta x)\} - \{x+\xi(x)\}] - \delta x$$
$$= \xi(x+\delta x) - \xi(x) \approx \frac{\partial \xi}{\partial x}\delta x \qquad (6.17)$$

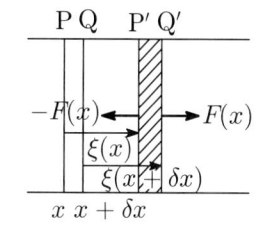

図 6-3 弾性棒の応力

[10] 両端での弾性応力の大きさが同じと近似できる程短い微小部分をとる．

となる．よって，弾性棒の伸び率は

$$\frac{\Delta l}{l} = \frac{\partial \xi}{\partial x} \qquad (6.18)$$

となる．これにより（波動の伝播によって生じる）平衡位置が x である部分の弾性変形の応力 $F(x)$ は

$$F(x) = SY\frac{\Delta l}{l} = SY\frac{\partial \xi}{\partial x} \qquad (6.19)$$

で与えられる [11]．

[11] $F(x)$ の変数は，弾性棒の部分の平衡状態での位置 x を用いていることに注意して欲しい．

■ **弾性棒の微小部分が受ける力**
図 6-4 のように，両端 A, B の平衡位置が $x, x+\Delta x$ で与えられる長さ Δx の微小部分 AB [12] を考える．波動が伝播しているときは，波動の変位は x 方向なので，端点 A, B はそれぞれ位置 $x+\xi(x)$ の点 A$'$ と位置 $x+\Delta x + \xi(x+\Delta x)$ の点 B$'$ に移動する．微小部分 AB が境界面 A$'$ で左側から受ける応力 $-F(x)$ と境界面 B$'$ で受ける応力 $F(x+\Delta x)$ の和が微小部分 A$'$B$'$ の受ける力 f_ξ である．

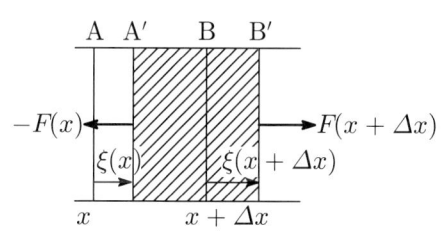

図 6-4 弾性棒の微小部分が受ける力

[12] 微小ではあるが，両端の弾性応力の大きさに違いが生じる程の幅をもつ微小部分をとる．

$$f_\xi = F(x+\Delta x) - F(x) \approx \frac{\partial F(x)}{\partial x}\Delta x \qquad (6.20)$$

したがって，式 (6.19) を用いると

$$f_\xi = SY\frac{\partial^2 \xi}{\partial x^2}\Delta x \qquad (6.21)$$

である．

■ **弾性棒の微小部分の運動方程式** 弾性棒の密度を ρ とすると，平衡状態での微小部分 AB の質量は

$$\Delta m = \rho S \Delta x \qquad (6.22)$$

である．波動の伝播に伴って微小部分 AB が微小部分 A′B′ へ移動してもその質量は変化しないため，式 (6.22) は，微小部分 A′B′ の質量と同じである．そして，この微小部分 A′B′ の ξ 方向への加速度は，断面 A′ の加速度で近似できるとすると，断面 A′ の位置は $x+\xi(x,t)$ であるから

$$a_\xi = \frac{\partial^2}{\partial t^2}(x+\xi(x,t)) = \frac{\partial^2 \xi}{\partial t^2} \tag{6.23}$$

となる．以上から，式 (6.21)，式 (6.22)，式 (6.23) を用いて，微小部分 A′B′ の運動方程式を求めると

$$a_\xi = \frac{1}{\Delta m} f_\xi \ \longrightarrow\ \frac{\partial^2 \xi}{\partial t^2} = \frac{1}{\rho S \Delta x}\left\{ SY \frac{\partial^2 \xi}{\partial x^2}\Delta x\right\}$$
$$\longrightarrow\ \frac{\partial^2 \xi}{\partial t^2} = \frac{Y}{\rho}\frac{\partial^2 \xi}{\partial x^2} \tag{6.24}$$

である．

■ 弾性棒を伝わる縦波の波動方程式　式 (6.24) において

$$v = \sqrt{\frac{Y}{\rho}} \tag{6.25}$$

とすると

$$\frac{\partial^2 \xi}{\partial t^2} = v^2 \frac{\partial^2 \xi}{\partial x^2} \tag{6.26}$$

となり，波動方程式 (6.5) と一致する．これより，弾性棒には波形を変えないで進行する縦波が生じ，その位相速度 v は，式 (6.25) であることがわかった．方程式 (6.26) が弾性棒を伝わる縦波の波動方程式である．この結果より，弾性棒のヤング率 Y が大きいほど，また体積密度 ρ が小さいほど，位相速度 v が大きくなることがわかる．

例題 6.2 $\sqrt{\dfrac{Y}{\rho}}$ の次元を調べて，速さの次元となることを示せ．

6.2 波動方程式の線形性と重ね合わせの原理

単振動や減衰振動を表す運動方程式が，線形微分方程式であることはすでに述べた．6.1.2 項では，弦の微小部分の振動に着目して運動方程式を立てることから，弦を伝わる横波の波動方程式を導いた．ここでは，波動方程式の数学的特徴の 1 つである線形性と，波動の物理的特徴として重要な重ね合わせの原理の関係について述べる．

6.2.1 波動方程式の線形性

■ 2.1.2 項で述べたが，線形微分方程式とは，未知関数とその導関数の 1 次の項だけの和になっている微分方程式のことである．したがって，波動方程式

$$\frac{\partial^2}{\partial t^2}\xi(x,t) = v^2 \frac{\partial^2}{\partial x^2}\xi(x,t) \tag{6.27}$$

は偏微分方程式であるが，線形微分方程式でもある．

■ 線形微分方程式の性質として，方程式を満たす解 $\xi_1(x,t), \xi_2(x,t), ..., \xi_n(x,t)$ に対して，それらの**線形結合**と呼ばれる次式

$$\begin{aligned}\xi(x,t) &= \sum_{i=1}^{n} A_i \xi_i(x,t) \quad (A_i は任意定数) \\ &= A_1 \xi_1(x,t) + A_2 \xi_2(x,t) + \cdots + A_n \xi_n(x,t)\end{aligned} \tag{6.28}$$

も解となる特徴がある．線形微分方程式のこのような数学的特徴を，**線形性**という．

課題 6-1 $\xi_i(x,t)$ が波動方程式 (6.27) を満たすとして，式 (6.28) で表される $\xi(x,t)$ が，式 (6.27) の解となることを示せ．

6.2.2 波動の重ね合わせの原理

■ 同一の媒質中を伝わるいくつかの波が，ある位置に同時に到達したときに，どのようなことが起こるか考えてみよう．$\xi_1, \xi_2, \cdots, \xi_n$ がそれぞれの波によって引き起こされる媒質の変位とすると，波全体で引き起こされる媒質の変位 ξ は，それらの和

$$\xi = \sum_{i=1}^{n} \xi_i = \xi_1 + \xi_2 + \cdots + \xi_n \tag{6.29}$$

で与えられると考えられる．このことが任意の位置 x と時刻 t で成り立つとすれば，これらの波の**合成波**の波動関数 $\xi(x,t)$ は，それぞれの波の波動関数 $\xi_1(x,t), \xi_2(x,t), \cdots, \xi_n(x,t)$ の和

$$\xi(x,t) = \sum_{i=1}^{n} \xi_i(x,t) = \xi_1(x,t) + \xi_2(x,t) + \cdots + \xi_n(x,t) \tag{6.30}$$

で与えられることが導かれる．これを波動の**重ね合わせの原理**という．

■ ある波動関数で表される波動が媒質中で実際に生じるためには，その波動関数が波動方程式を満たしていなければならない．重ね合わせの原理を表す式 (6.30) は，式 (6.28) で $A_1, A_2, \cdots, A_n$ がすべて 1 の場合であり，

$\xi_1(x,t), \xi_2(x,t), \cdots, \xi_n(x,t)$ が波動方程式 (6.27) の解であるならば，それらの和である波動関数 $\xi(x,t)$ も間違いなく波動方程式 (6.27) の解である．したがって，この波動関数 $\xi(x,t)$ は実際に生じる合成波を表す波動関数であるといえる．このように，波動の重ね合わせの原理が成立する根拠は波動方程式の線形性にあることがわかる [13]．

13) 一般の波動の波動方程式は線形とは限らないが，波の変位が小さい場合は，近似的に線形方程式を満たすとみることができる（電磁波の波動方程式は厳密に線形方程式である）．したがって，以降は重ね合わせの原理を満たす波動について学習することにする．

6.2.3 波動の干渉性と独立性

■ **干渉** 先にも述べたように，2つ以上の波動が同時にある位置に到達したとき，その位置での合成波の変位 ξ は，式 (6.29) に示すような個々の波動の変位の和で表される．しかし，$\xi_1, \xi_2, \cdots$ などの個々の変位は正負の符号を持つので，同符号の場合は互いに強め合い，異符号の場合は打ち消し合うことになる．このように，重ね合わせの原理 (6.30) によって，「複数の波から合成波がつくられるとき，それらの波が互いに強め合ったり打ち消し合ったりする」という現象が生じることが導かれる．このような波動特有の現象を一般に**干渉**という．

■ **正弦波の干渉の例** 最も簡単で基本的な場合として，同じ方向へ進む波数 k，角振動数 ω の等しい2つの正弦波を重ね合わせて生じる干渉現象を見てみよう．各々の波動関数を

$$\xi_1 = A_1 \sin(kx - \omega t + \phi_1), \tag{6.31}$$

$$\xi_2 = A_2 \sin(kx - \omega t + \phi_2) \tag{6.32}$$

として合成波の波動関数 $\xi(x,t) = \xi_1(x,t) + \xi_2(x,t)$ を求めると，単振動の合成（4.1.1項）で用いたのと同様の式変形により，

$$\begin{aligned} \xi(x,t) &= A_1 \sin(kx - \omega t + \phi_1) + A_2 \sin(kx - \omega t + \phi_2) \\ &= A \sin(kx - \omega t + \phi) \end{aligned} \tag{6.33}$$

と表すことができ，再び同じ波数 k，角振動数 ω の1つの正弦波の波動関数となる．ただし，合成波の振幅 A と，位相 ϕ は，

$$A = \sqrt{A_1^2 + A_2^2 + 2A_1 A_2 \cos(\phi_1 - \phi_2)}, \tag{6.34}$$

$$\phi = \arctan \frac{A_1 \sin \phi_1 + A_2 \sin \phi_2}{A_1 \cos \phi_1 + A_2 \cos \phi_2} \tag{6.35}$$

となる．式 (6.34) から，振幅は重ね合わされる2つの波の**位相差**

$$\Delta \phi \equiv \phi_1 - \phi_2 \tag{6.36}$$

に依存することがわかる．特に，$\Delta \phi$ が π の偶数倍，つまり

$$\Delta \phi = 2m\pi \quad (m = 0, \pm 1, \pm 2, \cdots) \tag{6.37}$$

のとき，2つの正弦波が強め合った結果，合成波の振幅は最大となり

$$A = A_1 + A_2 \tag{6.38}$$

となる．また，$\Delta\phi$ が π の奇数倍，つまり

$$\Delta\phi = (2m+1)\pi \qquad (m = 0, \pm 1, \pm 2, \cdots) \tag{6.39}$$

のとき，2つの正弦波が打ち消し合った結果，合成波の振幅は最小となり

$$A = |A_1 - A_2| \tag{6.40}$$

となる．$A_1 = A_2$ ならば $A = 0$ であり，波は完全に消失してしまうことになる．

■ **波の独立性** 次に，図 6-5 に示すように，逆向きに進行する図のような波形の波の重ね合わせを考える．各々の波が重なり合うときは，前記と同様な干渉現象が観察され，各々の波の変位の和が現れる．時間が経過して波同士の重なりがなくなると，再び重なり合う前と同じ波が現れる．各々の波動が重なり合う前と後で変化しないこの特徴を波動の**独立性**という．力学で学んだように，2つの粒子が衝突した場合，衝突の前後で各々の粒子の運動に何らかの変化が生じるのが一般的である．独立性は粒子の運動では通常ありえない波動独特の現象である．干渉性と独立性は波動の重ね合わせの原理で説明できる波動の最も著しい特徴といえる．

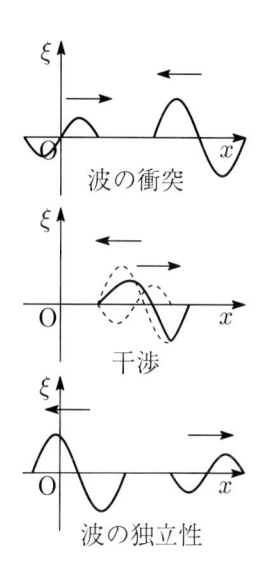

図 6-5 波の干渉と独立性

例題略解

例題 6.1 $\left[\sqrt{\dfrac{\tau}{\sigma}}\right] = \left[\left(\dfrac{MLT^{-2}}{ML^{-1}}\right)^{\frac{1}{2}}\right] = \left[(L^2T^{-2})^{\frac{1}{2}}\right] = [LT^{-1}]$

例題 6.2 $[Y] = \left[\dfrac{F}{S}\right] = \left[\dfrac{MLT^{-2}}{L^2}\right] = [ML^{-1}T^{-2}]$ となるため，

$\left[\sqrt{\dfrac{Y}{\rho}}\right] = \left[\left(\dfrac{ML^{-1}T^{-2}}{ML^{-3}}\right)^{\frac{1}{2}}\right] = \left[(L^2T^{-2})^{\frac{1}{2}}\right] = [LT^{-1}]$

章末問題

問題 6.1 張力 τ で張った線密度 σ の一様な弦を伝わる横波が $\xi(x,t) = A\sin(kx - \omega t)$ で表される正弦波であるとき,この波動の強度を求めよ.

第7章 反射と屈折

これまで扱ってきた波動は，直線上を伝わる1次元の波動であったが，音波や光波のように3次元空間を伝わる波動を考えてみよう．また，波動が媒質の異なる境界に到達すると，反射や屈折という現象が起こる．それらの現象を理解しよう．

7.1 空間を伝わる波動

■ **波面** 空間を伝わる波は，位置 (x, y, z) にある媒質の時刻 t における変位 ξ を表す波動関数

$$\xi = \xi(x, y, z, t) \tag{7.1}$$

により記述される．ある瞬間 t_0 に変位が同じ値 ξ_0 となる媒質の点の集合は，その座標が

$$\xi(x, y, z, t_0) = \xi_0 \tag{7.2}$$

を満たす点の集合である．この集合の中で1つにつながった部分は，一般に空間的な曲面となる．これを波動の**波面**[1] という．波面の時間的な移動により，波動が空間をどのように伝播するかを示すことができる．

1) 通常は変位 ξ が周囲よりも大きい極大値をとる曲面を波面と呼ぶ．

■ **平面波と球面波**
空間を伝わる波動の代表例は，図 7-1 のように波面がすべて平面である**平面波**と，波面がすべて球面である**球面波**である．平面波は振動する平面が波源となって引

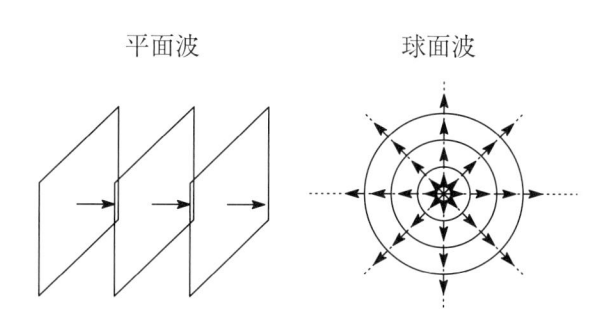

図 7-1 平面波と球面波

き起こされる波であり，球面波は点波源から放出される波である．球面波の波源から観測点が十分に離れれば平面波と近似できる．太陽から放出される光は球面波であるが，地上では平面波とみなしてよい．

7.1.1 空間を伝わる波動の波動方程式

■ **3次元の波動方程式** 初めに，空間を伝わる波動を表す波動関数が満たすべき波動方程式を考えよう．x 軸上を進む 1 次元の波動の波動方程式は

$$\frac{\partial^2 \xi}{\partial t^2} = v^2 \frac{\partial^2 \xi}{\partial x^2} \tag{7.3}$$

であった．3 次元空間中の媒質の位置は 3 つの座標 x, y, z で表されるが，媒質が空間的に均一であれば，波動方程式は座標系の取り方によらないものでなければならないから，座標 x, y, z は波動方程式の中に同じ形で入る必要がある．したがって，1 次元の波動方程式 (7.3) の拡張として，x と同様な形で y も z も入る方程式として

$$\frac{\partial^2 \xi}{\partial t^2} = v^2 \left(\frac{\partial^2 \xi}{\partial x^2} + \frac{\partial^2 \xi}{\partial y^2} + \frac{\partial^2 \xi}{\partial z^2} \right) \tag{7.4}$$

を考え，これを 3 次元空間に拡張された波動方程式として採用すればよい．

■ x, y, z による偏微分演算子を成分とするベクトルの微分演算子

$$\boldsymbol{\nabla} \equiv \left(\frac{\partial}{\partial x}, \frac{\partial}{\partial y}, \frac{\partial}{\partial z} \right) \tag{7.5}$$

をナブラという．$\boldsymbol{\nabla}$ の内積としての 2 乗をとると[2]，

$$\boldsymbol{\nabla}^2 = \boldsymbol{\nabla} \cdot \boldsymbol{\nabla} \equiv \frac{\partial^2}{\partial x^2} + \frac{\partial^2}{\partial y^2} + \frac{\partial^2}{\partial z^2} \tag{7.6}$$

である[3]．この記法を用いると，

$$\frac{\partial^2 \xi}{\partial x^2} + \frac{\partial^2 \xi}{\partial y^2} + \frac{\partial^2 \xi}{\partial z^2} = \boldsymbol{\nabla}^2 \xi \tag{7.7}$$

であるから，3 次元の波動方程式 (7.4) を

$$\frac{\partial^2 \xi}{\partial t^2} = v^2 \boldsymbol{\nabla}^2 \xi \tag{7.8}$$

と簡潔に表すことができる．

[2] 一般にベクトル $\boldsymbol{A}$ と自分自身との内積 $\boldsymbol{A} \cdot \boldsymbol{A}$ を $\boldsymbol{A}^2$ と略記する．

[3] $\Delta \equiv \boldsymbol{\nabla}^2$ で演算子ラプラシアン Δ を定義して用いることがある．

7.1.2 平面波

■ **3次元の正弦波** これまで 1 次元の波動の代表例として，x 軸の正の向きに進む正弦波

$$\xi = \xi(x, t) = A \sin(kx - \omega t + \phi) \tag{7.9}$$

を考えてきた．k, ω はそれぞれ波数，角振動数であり，A, ϕ はそれぞれ振幅，位相定数である．これを 3 次元に拡張し，k_x, k_y, k_z, ω を定数と

して，波動関数
$$\xi = \xi(x,y,z,t) = A\sin(k_x x + k_y y + k_z z - \omega t + \phi) \tag{7.10}$$
で表される**3次元の正弦波**を考えることができる．定数 ω は，1次元の場合と同様，角振動数と呼ばれる．定数 k_x, k_y, k_z を成分とするベクトル
$$\bm{k} = (k_x, k_y, k_z) \tag{7.11}$$
を考え，これを**波数ベクトル**という．波動関数 (7.10) は，角振動数 ω と波数ベクトル $\bm{k}$ が
$$\omega^2 = v^2(k_x^2 + k_y^2 + k_z^2) = v^2 \bm{k}^2 \tag{7.12}$$
を満たせば，波動方程式 (7.4) の解である．波数ベクトル $\bm{k}$ の大きさを k とすると
$$k = |\bm{k}| = \sqrt{k_x^2 + k_y^2 + k_z^2} \tag{7.13}$$
であり，式 (7.12) は
$$\omega^2 = v^2 k^2 \ \longrightarrow \ \omega = kv \tag{7.14}$$
となる．これは1次元の正弦波の場合の関係式 (5.6) と同じである．

課題 7-1 波動関数 (7.10) は，条件 (7.12) が満たされるときに，3次元の波動方程式 (7.4) の解であることを確かめよ．

■ **平面波** 波動関数 (7.10) で表される波動の波面は，時刻 t を固定したときの同一位相点の集合であるから，
$$k_x x + k_y y + k_z z = \text{一定} \tag{7.15}$$
が波面を決める方程式となる．図 7-2 のように，ある波面上の固定点を $\mathrm{P}_0(x_0, y_0, z_0)$ とすると，ある定数 C を用いて，
$$k_x x_0 + k_y y_0 + k_z z_0 = C \tag{7.16}$$
と書ける．方程式 (7.15) から，この波面上の任意の点 $\mathrm{P}(x, y, z)$ についても
$$k_x x + k_y y + k_z z = C \tag{7.17}$$
が成立する．これより，波面上の任意の点について
$$k_x(x - x_0) + k_y(y - y_0) + k_z(z - z_0) = 0 \tag{7.18}$$
が成立することになる．これは，波面上の2点 P と P_0 を結ぶベクトル $\overrightarrow{\mathrm{P}_0 \mathrm{P}} = (x - x_0, y - y_0, z - z_0)$ が，定ベクトル $\bm{k} = (k_x, k_y, k_z)$ との内

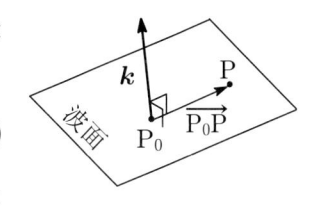

図 7-2 波面に垂直な波数ベクトル

積が0であることを表し，それは2つのベクトルが直交することを示すので，点 P_0 と同一波面上の点 $P(x, y, z)$ は，点 P_0 を通り，一定のベクトル $\bm{k}$ に垂直な平面を構成する．つまり，3次元の正弦波 (7.10) の波面は，波数ベクトル $\bm{k}$ に垂直な平面であり，3次元の正弦波は，平面波であることがわかる．

■ また，x 軸の正方向が波数ベクトル $\bm{k}$ の方向に一致するように座標系を取ると，波数ベクトル $\bm{k} = (k, 0, 0)$ と表されるので，波動関数 (7.10) は

$$\xi(x, y, z, t) = A\sin(kx + 0y + 0z - \omega t + \phi) = A\sin(kx - \omega t + \phi) \quad (7.19)$$

となり，x 軸の正の向きに進む1次元の正弦波の波動関数と同じ関数で表される．したがって，3次元の正弦波は，波数ベクトル $\bm{k}$ の向きに進む平面波であることがわかる．そして，1次元の場合と同様に，波長 λ が

$$\lambda = \frac{2\pi}{k} \quad (7.20)$$

で与えられ（図 7-3 参照），3次元の正弦波では，波長 λ は 1 つの波面から次の波面までの距離を表すことがわかる．また，周期 T は，同様にして

$$T = \frac{2\pi}{\omega} \quad (7.21)$$

で与えられる．また，3次元の正弦平面波は，単振動する平面波源によって作られることがわかる．

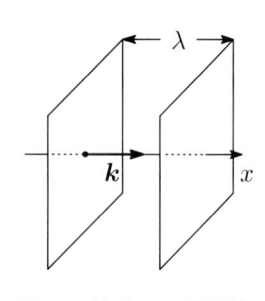

図 7-3 波長 λ の平面波

例題 7.1 速さ v で進む波数ベクトル $\bm{k} = (1, 2, 2)$ の平面波の波動関数の一般形を求めよ．

課題 7-2 3次元の正弦波の波動関数を式 (7.19) で表せば，その波面が平面であることは容易にわかる．試みよ．

■ 波数ベクトル $\bm{k} = (k_x, k_y, k_z)$ と，位置ベクトル $\bm{r} = (x, y, z)$ の内積は

$$\bm{k} \cdot \bm{r} = k_x x + k_y y + k_z z \quad (7.22)$$

であるから，3次元の正弦波の波動関数 (7.10) を

$$\xi = \xi(\bm{r}, t) = A\sin(\bm{k} \cdot \bm{r} - \omega t + \phi) \quad (7.23)$$

と表すことができる．また，波形を変えないで進む平面波の波動関数は，一般に波形関数を f として

$$\xi = f(\bm{k} \cdot \bm{r} - \omega t) \quad (7.24)$$

と表すことができる．

7.1.3 球面波

■ **球面波の波動関数** 次に，空間的に一様な媒質中の1点が振動し，その振動が周囲に伝播していく波動を考えよう．この場合の波動は，媒質中を等方的に伝播する波動となるから，点波源の位置に原点をとると，その波動関数は空間的には原点からの距離 r のみの関数となるべきであり，

$$\xi = \xi(r,t) \qquad (r = |\boldsymbol{r}| = \sqrt{x^2+y^2+z^2}) \tag{7.25}$$

と書ける．この形の関数で，正弦関数を用いた関数

$$\xi(r,t) = \frac{A}{r}\sin(kr-\omega t+\phi) \tag{7.26}$$

を考えると，定数 k, ω が条件

$$\omega^2 = v^2 k^2 \longrightarrow \omega = vk \tag{7.27}$$

を満たすとき，この関数が波動方程式 (7.8) の解であることを確かめることができる（章末問題 7.1 参照）．この波動関数は，中心からの1つの直線上で観測すると，振幅が中心からの距離に反比例して弱まる正弦波を表していると言える．そして，ある時刻のこの波動関数の値は，

$$r = \sqrt{x^2+y^2+z^2} = \text{一定} \tag{7.28}$$

であれば等しく，この式は球面の方程式であるから，この波の波面は球面である．よって，波動関数 (7.26) で表される波動は**球面波**であることがわかる[4]．これまで同様，k を波数，ω を角振動数という．この波動は，点波源が角振動数 ω の単振動を行っている場合につくられる波動であることがわかる．

[4] 一般に球面波は，波形関数を f として，$\xi = \frac{1}{r}f(kr-\omega t)$ と表すことができる．なお，これらの波動関数は原点 $r=0$ で値が無限大となるが，波源の大きさを点に近似した結果であり，現実にはそのようなことはない．

例題 7.2 角振動数 ω で振動する点波源から放出され，速さ v で進行する球面波の波動関数の一般形を示せ．

■ **球面波のエネルギー伝播** 波動関数 (7.26) は，正弦関数の前に因子 $\frac{A}{r}$ が付いている．これは，原点から距離 r の位置にある媒質の行う単振動の振幅を表しているから，球面波は距離 r に反比例して振幅が減少すると表現することができる．その結果，原点を中心とする半径 r の球面上の球面波の強度 $I(r)$ は

$$I(r) \propto \left(\frac{A}{r}\right)^2 \tag{7.29}$$

のように距離の2乗 r^2 に反比例して減少する．一方，単位時間に球面波が球面を通って伝えるエネルギーは，球面上の強度 $I(r)$ と球面の面積 $4\pi r^2$

の積で与えられるので

$$I(r) \times (4\pi r^2) \propto \left(\frac{A}{r}\right)^2 (4\pi r^2) = 4\pi A^2 = 一定 \tag{7.30}$$

となり，球面の半径 r によらない．これにより，球面波のエネルギー伝播において，エネルギー保存則が成り立っていることがわかる．

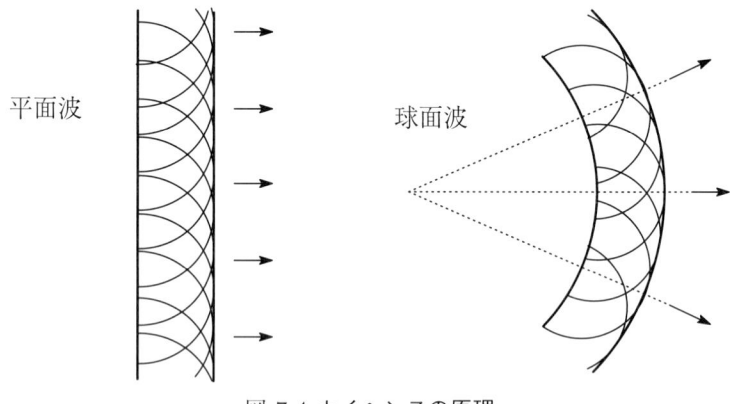

7.1.4 波動の進行とホイヘンスの原理

■ **ホイヘンスの原理** 波動が空間をどのように進行するかは，本来波動方程式を満足する波動関数 $\xi = \xi(x,y,z,t)$ の時間的経過によって記述される．しかし，一様に拡がる媒質中を伝播する波動の波動関数は，式 (7.10) や式 (7.26) のように波動方程式の解として正確に求めることができるが，伝播する空間が一様でなく，媒質が変化したり，境界があるような場合には，波動方程式を解いて波動関数を求めて波動の進行を把握することは，一般的に数学的な困難が伴う．この波動の進行の問題について，ホイヘンス[5]は，波動が媒質の各部分が振動しそれが周りに伝えられる現象であることと，波動が重ね合わせの原理を満たすということを結びつけ，物理的な直感に基づいて，次のような提案をした．「進行する波動のある瞬間の波面の各点から，素元波[6]と呼ばれる球面波が生じ，その無数の素元波の波面の包絡面が波動の次の波面を構成する．これが繰り返されて波動は進行する．」これを，**ホイヘンスの原理**という．包絡面とは，無数の素元波の進む前方でこれらの波面である球面に共通に接する面をいい，無数の素元波の重ね合わせによる合成波の波面と考えてよい．

[5] ホイヘンス(1629-1695): オランダの物理学者．

[6] 要素波または 2 次波とも呼ばれる．

図 7-4 ホイヘンスの原理

図 7-5 射線

■ **平面波と球面波の進行** 図 7-4 から，一様な媒質中を進行する平面波や球面波の進行する様子をホイヘンスの原理に基づいて再現されることを確認することができる．平面波の波面から出た素元波の包絡面は前の波面と平行な平面であり，球面波の波面から出た素元波の包絡面はより大きな半径の球面である．これにより，それぞれの波動の進行を正確に表現していることがわかる．

■ **射線** このようにして求めた波面全体の進行によって，波の進行を表現することができる．ホイヘンスの原理により，明らかに波の進行方向は，各点での波面に垂直である．したがって，すべての波面に垂直で波の進行方向の向きを持つ直線（一般的には曲線）を考えることができ，この直線を**射線**[7]という．図 7-5 のように，上図の平面波の場合は，平行な射線群であり，下図の球面波の場合は，原点から等方的に拡がる射線群で表される．このように射線を用いてどのような波動であるかを示すとともに，その波動の進行する様子を表すことができる．なお，平面波の波数ベクトルの向きが平面波の射線の向きを表している．

7) 光波の場合の光線を一般の波動の場合に拡張した用語である．

■ **反射と透過・屈折** 媒質 1 を進む波動が，異なる媒質 2 との境界に達したときに，図 7-6 のように，**反射**と**透過**という現象が起こる．反射は境界面で波動が媒質 1 に戻る現象であり，透過は媒質 2 へ進む現象である．波動が境界面を透過する際には，一般に進行方向を変える．これを**屈折**という．波動が平面波で，異なる媒質の境界面が平面である場合に，上で学んだホイヘンスの原理を応用して，これらの現象において成り立つ法則を調べてみよう．以下の議論では，ホイヘンスの原理を用いるとき，「同一波面からの素元波が必ずしも同一時刻に放出されたとしなくても，それらの素元波の同一時刻での波面の包絡面が次の波面を構成する」というように，ホイヘンスの原理の自然な拡張が行われている．この拡張が具体的にどのように適用されているかは，以下の議論で明確になる．

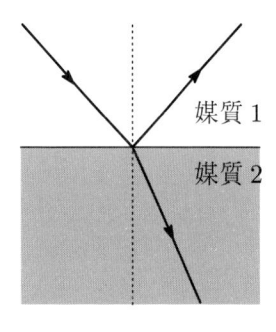

図 7-6 反射と透過

7.2 反射の法則

■ **反射** 図 7-7 のように，平面波が媒質 1 から異なる媒質 2 の平面の境界へ入射したとき，波の一部が境界面で反射して再び媒質 1 を進む．前者の平面波を**入射波**と呼び，後者の平面波を**反射波**と呼ぶ．また，境界面の法線と入射波，反射波の進行方向を表す射線となす角をそれぞれ，**入射角**，**反射角**と呼び，θ_1, θ_1' で表す．

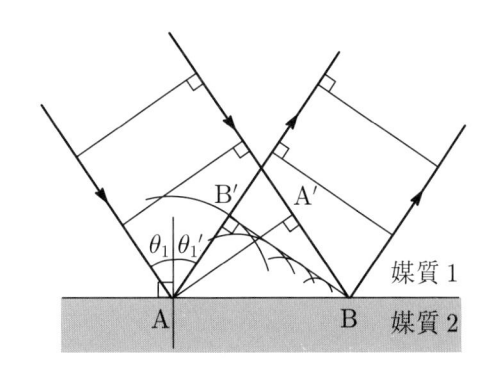

図 7-7 反射の法則

■ **反射の法則** 図 7-7 のように，入射波の境界面に到達した波面を AA′ とする．境界上の点 A からは，この瞬間に素元波が生じ媒質 1 に進む．入射波の波面 AA′ が進むにつれ，波面の各部分が次々に境界面に到達し，同じように素元波が生じ媒質 1 に進む．波面 AA′ の A′ の部分が，境界面上の点 B に到達するまでに生じた素元波全体は，図 7-7 のように，境界面 AB の間に中心を持つ半径の違う球面波の集団である．したがって，新し

い波面は，ホイヘンスの原理により，これらの球面波の包絡面 BB′ であり，これが反射波の波面となる．したがって，波は AB′ の方向に反射することがわかる．距離 $\overline{\mathrm{AB'}}$ と距離 $\overline{\mathrm{A'B}}$ は波が同一媒質中を同じ時間に移動する距離であるから等しく，波面 AA′ は射線 A′B と直交し，波面 BB′ は射線 AB′ と直交する．これより，2 つの直角三角形 △AA′B と △BB′A とが合同であることがわかる．そして，∠A′AB = θ_1, ∠B′BA = θ_1' より，ただちに入射角 θ_1 と反射角 θ_1' が等しいことが導かれる．

$$\theta_1' = \theta_1 \tag{7.31}$$

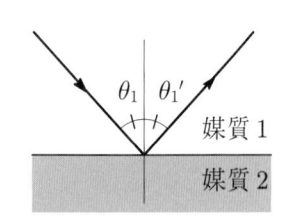

図 7-8 平面波の反射

これを**反射の法則**という（図 7-8 参照）．

■ 平面やなめらかな曲面の境界面での反射においては，反射の法則を直接観察することができる．この場合の反射を特に**鏡面反射**という．我々は鏡による反射光により，自分の姿の像を見ることができる．また，図 7-9 のように，反射の法則を利用したパラボラ（放物面）鏡を使った反射望遠鏡を用いて，宇宙の彼方からの微弱な光をキャッチすることができる．同様に，衛星放送やマイクロ波通信のパラボラアンテナを微弱な電波を集めるために利用している．これらはすべて鏡面反射の例である．一方，波長に比べて大きな不規則性のある境界面での反射においては，あらゆる方向に反射する．この場合を**乱反射**，または，**拡散反射**という．図 7-10 のように，境界面がばらばらな向きの微小な面でできているので，それぞれの面では反射の法則が成り立っているにもかかわらず，乱反射の反射光はあらゆる方向に進み，結果として，反射の法則が成り立っていないように見えるのである．紙や壁など身の回りでの反射はほとんど全て乱反射である．そのため，鏡のように反射光による像はできず，紙や壁全体があたかも光源として光を放射しているように見える．

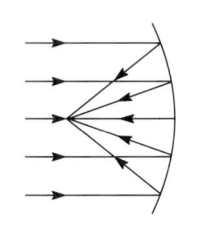

図 7-9 鏡面反射

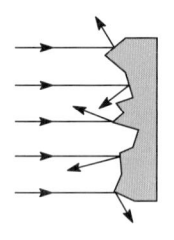

図 7-10 乱反射

7.3 屈折の法則

7.3.1 屈折の法則と屈折率

■ **透過と屈折** 図 7-11 のように，平面波が媒質 1 から異なる媒質 2 の平面の境界へ入射したとき，波の一部が境界面で反射して再び媒質 1 を進むが，波の一部は媒質 2 に進む．この波を**透過波**と呼ぶ．波が媒質 1 を進行する速さ v_1 と，媒質 2 を進行する速さ v_2 は一般に異なる．

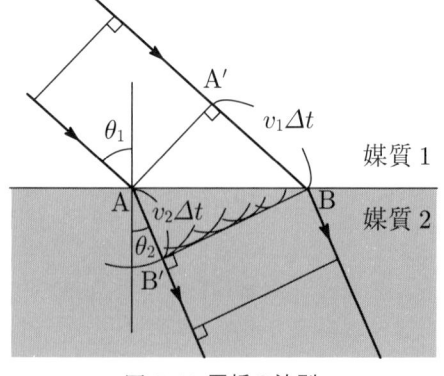

図 7-11 屈折の法則

このとき，透過波の進行方向が入射波の進行方向と違ってきて，屈折という現象が起こるので，**屈折波**ともいう．また，境界面の法線と屈折波の進行方向を表す射線となす角を**屈折角**と呼び，θ_2 で表す．

■ **屈折の法則**　波が反射するときと同様に，図 7-11 のように入射波の境界面に到達した波面を AA' とする．境界上の点 A からは，この瞬間に素元波が生じ媒質 2 に進む．入射波の波面 AA' が進むにつれ，波面の各部分が次々に境界面に到達し，同じように素元波が生じ媒質 2 に進む．波面 AA' の A' の部分が，境界面上の点 B に到達するまでに生じた素元波全体は，図のように，境界面 AB の間に中心を持つ半径の違う球面波の集団である．したがって，新しい波面は，ホイヘンスの原理により，これらの球面波の包絡面 BB' であり，これが屈折波の波面となる．したがって，波は AB' の方向に屈折することがわかる．図の 2 つの直角三角形 $\triangle AA'B$ と $\triangle BB'A$ において，距離 $\overline{A'B}$ と距離 $\overline{AB'}$ は波が媒質 1，媒質 2 中を同じ時間 Δt に移動する距離であるから，それぞれの媒質中を波が伝わる速さ v_1, v_2 によって異なり，

$$\overline{A'B} = v_1 \Delta t, \quad \overline{AB'} = v_2 \Delta t \tag{7.32}$$

である．そして，

$$\angle A'AB = \theta_1, \quad \angle B'BA = \theta_2 \tag{7.33}$$

であり，AB が共通の斜辺なので

$$\overline{AB} \sin \theta_1 = \overline{A'B}, \quad \overline{AB} \sin \theta_2 = \overline{AB'} \tag{7.34}$$

となる．2 つの式の比をとると，

$$\frac{\sin \theta_1}{\sin \theta_2} = \frac{\overline{A'B}}{\overline{AB'}} \tag{7.35}$$

となり，さらに式 (7.32) を用いると，入射角 θ_1，屈折角 θ_2 の間に

$$\frac{\sin \theta_1}{\sin \theta_2} = \frac{v_1}{v_2} \tag{7.36}$$

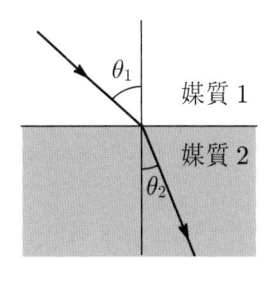

図 7-12 平面波の屈折

という関係が成り立つ．これが**屈折の法則**である（図 7-12 参照）．

■ **相対屈折率**　屈折の法則 (7.35) の右辺の 2 つの媒質中の波の速さの比は，2 つの媒質によって決まる定数である．そこで

$$n_{12} \equiv \frac{v_1}{v_2} \tag{7.37}$$

と定義される媒質 2 の媒質 1 に対する**相対屈折率** n_{12} を用いると，屈折の法則 (7.36) を

$$\frac{\sin \theta_1}{\sin \theta_2} = n_{12} \tag{7.38}$$

と表すことができる．これが**相対屈折率を用いた屈折の法則**である．また，媒質 2 から媒質 1 に進む波の場合の相対屈折率 n_{21} は

$$n_{21} = \frac{v_2}{v_1} = \frac{1}{n_{12}} \tag{7.39}$$

である．

■ **絶対屈折率** 特に，波動が光の場合は，真空中の光速 c を基準とするので，真空に対する媒質 1 の屈折率 n_{01} を略して n_1 と書き表す．

$$n_1 \equiv \frac{c}{v_1} \tag{7.40}$$

これを**絶対屈折率**または，単に**屈折率**[8]という．これを用いると，媒質 2 の媒質 1 に対する相対屈折率は，

$$n_{12} = \frac{n_2}{n_1} \tag{7.41}$$

となる[9]．光が空気から水に進む場合のように，屈折率が小さい媒質 1 から，屈折率の大きい媒質 2 に入射するときは，相対屈折率は $n_{12} > 1$ であり，入射角 θ_1 に比べ屈折角 θ_2 の方が小さくなる．

8) 媒質	屈折率 ※
空気	1.0003
水	~ 1.33
石英ガラス	~ 1.46
ダイヤモンド	2.42

※ 空気の屈折率はほぼ 1 に等しいので，空気以外の他の物質の屈折率は，実用上空気に対する相対屈折率で表す．

9) 絶対屈折率を用いた式 $n_1 \sin\theta_1 = n_2 \sin\theta_2$ を**スネルの法則**という．

例題 7.3 式 (7.40) から式 (7.41) を導け．

7.3.2 全反射

■ **全反射** 7.3.1 項の最後では，光が屈折率の小さな媒質から屈折率の大きな媒質へ透過する場合の屈折を例に学んだが，逆向きに，屈折率の大きい媒質 2 から，屈折率の小さな媒質 1 へ進む場合には面白い現象が起こる．図 7-13 のように，この場合は，θ_2 が入射角，θ_1 が屈折角となり，相対屈折率は n_{21} である．屈折の法則から

$$\frac{\sin\theta_2}{\sin\theta_1} = n_{21} \tag{7.42}$$

であるが，$n_{21} < 1$ であるので，屈折角 θ_1 の方が，入射角 θ_2 より大きい．したがって，入射角 θ_2 を増していき，ある角度 θ_c になると，屈折角 θ_1 が $\frac{\pi}{2}$ となり，さらに，入射角 θ_2 を増すと，媒質 1 への屈折光はなくなり，媒質 2 への反射光のみとなる．この角度 θ_c は**臨界角**と呼ばれ，この現象を**全反射**という．臨界角は，屈折角 $\theta_1 = \frac{\pi}{2}$ のときの入射角 $\theta_2 = \theta_c$ である．式 (7.42) から

$$\frac{\sin\theta_c}{\sin\frac{\pi}{2}} = n_{21} \longrightarrow \sin\theta_c = n_{21} < 1 \tag{7.43}$$

7.3. 屈折の法則

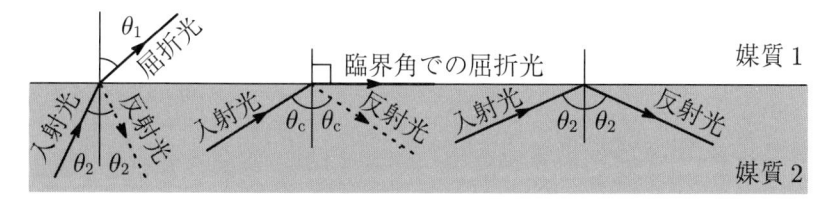

図 7-13 臨界角と全反射

で決められる．

■ 光ファイバーは，中心軸の屈折率を高くすることで，ファイバー中を伝わる光が，ファイバーが曲がっていても側面で全反射されるようにしてあるので，外部に光が漏れることはなくファイバーの端から端まで届く．この性質を利用して，胃カメラなどに使用される．また，光ファイバーは，全反射を

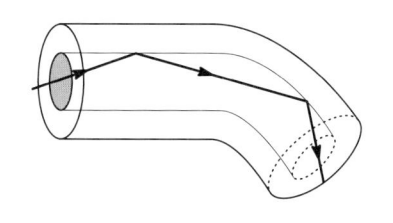

図 7-14 光ファイバー

利用しているためエネルギー損失が少なく，電波より振動数の大きな光を用いているため大量の情報伝達を行うことができ，長距離高速通信用のケーブルとして使われている．

7.3.3 レンズの法則

■ **凸レンズと凹レンズ** 子供の頃に凸レンズを用いた虫眼鏡で遊んだことのある人は多いであろう．レンズは，図 7-15 のように，ガラスやプラスチックで作られた側面が，球面などの曲面になっているものであり，中央が周辺よりも厚いレンズを**凸レンズ**といい，逆に，中央が薄くなるレンズを**凹レンズ**という[10]．光がレンズの表面を通過するときの屈折の現象を利用して，光を集束させたり，発散させたりする

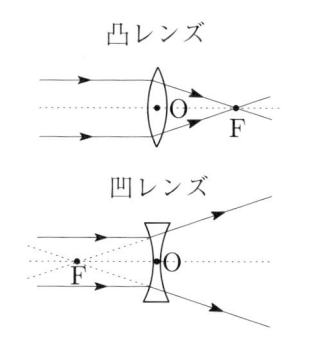

図 7-15 凸レンズと凹レンズの焦点

10) 凸を「とつ」，凹を「おう」と読む．

機能を持つ．本来は図 7-16 のように，レンズ表面で 2 段階に屈折しているが，簡単のため 1 回の屈折として描くことにする．

■ **焦点と焦点距離** レンズに垂直で，レンズの中心を通る直線を**光軸**という．図 7-15 には，水平な点線で光軸を示している．この図のように，凸レンズに光軸と平行な光（平面波）を当てると，凸レンズの後方の 1 点に光が集まる[11]．この点 F を**焦点**という．一方，凹レンズに光軸と平行な光を当てると，凹レンズの前方の焦点 F から放射状に拡がる光と同様に進む．いずれの場合も，レンズの中心 O から焦点 F までの距離 f を焦点

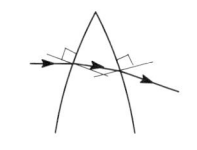

図 7-16 レンズ表面での屈折

11) レンズから見て，光源がある方を前方，反対側を後方という．

距離という．焦点距離はレンズを作っている透明物質の屈折率とレンズ面の曲率によって決まる．焦点はレンズの左右に1つずつあり，焦点距離はどちらも同じである．光は，光線の向きを逆にした場合の進行も同様に実現する．したがって，凸レンズの場合，焦点から拡がる光は，レンズを通過後にすべて光軸に平行に進み，凹レンズの場合も，逆にレンズの後方の焦点に集まるように進む光は，光軸と平行に進む．

■ **凸レンズによる実像** 図 7-17 のように，物体 PQ を凸レンズの中心 O から焦点 F よりも遠くの光軸上の点 P に置く．物体の点 Q から出て光軸と平行に進む光は，レンズの点 A を経てレンズ後方の焦点 F′ を通って進み，レンズ前方の焦点 F を通過する光は，レンズの点 B を経て，その後，光軸に平行に進む．また，レンズの中心 O に向かう光はそのまま直進する[12]．

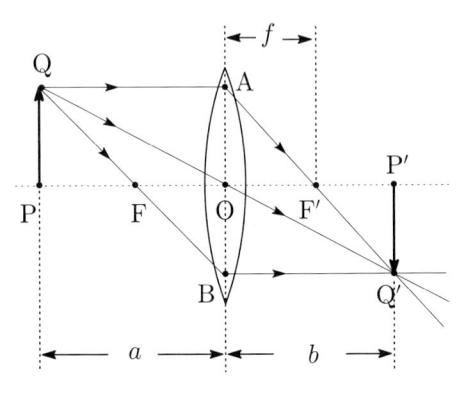

図 7-17 凸レンズによる実像

12) レンズの厚みを無視する近似では，レンズの中央を通過する光はそのまま直進するとしてよい．

13) 実像は，像の位置にスクリーンを置くと，スクリーン上に実際に映し出すことができる．

したがって，点 Q を出た光は，すべて図の点 Q′ に集まることになる．このようにして，物体 PQ 上の各点から出た光は，凸レンズを通過したうえで，図の P′Q′ 上の対応する各点に集まる．P′Q′ を物体 PQ の像という．この像は，物体から出た光が実際に集まってできるため**実像**[13]という．また，この像は物体と上下が逆さまになるため**倒立像**である．つまり，この場合つくられる像は倒立実像である．ここで，凸レンズと物体との距離を a，凸レンズと像との距離を b，焦点距離 f のレンズを用いると，図 7-17 中の相似な三角形についての幾何学的な関係から，

$$\triangle \mathrm{OPQ} \backsim \triangle \mathrm{OP'Q'} \longrightarrow \frac{\overline{\mathrm{P'Q'}}}{\overline{\mathrm{PQ}}} = \frac{\overline{\mathrm{OP'}}}{\overline{\mathrm{OP}}} = \frac{b}{a},$$

$$\triangle \mathrm{F'OA} \backsim \triangle \mathrm{F'P'Q'} \longrightarrow \frac{\overline{\mathrm{P'Q'}}}{\overline{\mathrm{OA}}} = \frac{\overline{\mathrm{F'P'}}}{\overline{\mathrm{F'O}}} = \frac{b-f}{f}$$

が得られる．そして，明らかに $\overline{\mathrm{OA}} = \overline{\mathrm{PQ}}$ であるから

$$\frac{\overline{\mathrm{P'Q'}}}{\overline{\mathrm{PQ}}} = \frac{b}{a} = \frac{b-f}{f} \longrightarrow f = \frac{ab}{a+b}$$

なる関係が導かれる．これより

$$\frac{1}{a} + \frac{1}{b} = \frac{1}{f} \tag{7.44}$$

が得られるが，この関係式を**レンズの公式**という．また，物体に対する像の大きさの比率 m は，

$$m = \frac{b}{a} \tag{7.45}$$

となる．この比率 m を**倍率**という．レンズは，カメラや顕微鏡，望遠鏡など数多くの観測機器に利用されている．

例題 7.4 焦点距離が 30 cm の凸レンズの前方 120 cm に物体を置くと，倒立実像はレンズの反対側何 cm に現れるか．

■ **凸レンズによる虚像**
虫眼鏡で物体を拡大するときには，物体を焦点距離よりもレンズに近づける．このとき，物体 PQ からの光は，凸レンズを通った後に拡がるので，光が集束せず，実像ができない（図 7-18 参照）．ところが，物体 PQ をレンズの後ろから見ると，あたかも物体が P'Q' にあるかのように見える．この像を**虚像**という．また，この像は上下が逆さまにならないため**正立像**である．図 7-18 を用いると，凸レンズによる実像の場合と同様にして，この場合のレンズの公式

$$\frac{1}{a} - \frac{1}{b} = \frac{1}{f} \tag{7.46}$$

が得られる．

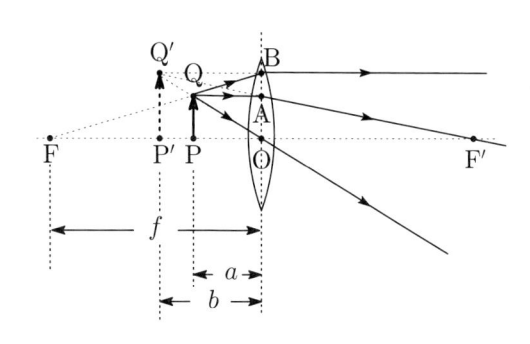

図 7-18 凸レンズによる虚像

例題 7.5 焦点距離が 10 cm の凸レンズの前方 8 cm に物体を置き，レンズをのぞきこむと正立虚像が見えた．このときの倍率 m を求めよ．

■ **凹レンズによる虚像** 虫眼鏡と同様にして，凹レンズで物体を見ると，虫眼鏡とは逆に物体が小さく見える．このときの物体からの光は，図 7-19 からわかるように，凹レンズを通った後に拡がるため，レンズの後方から見ると正立虚像が見える．物体 PQ をレンズの後ろから見ると，あたかも物体が P'Q' にあるかのように見える．図 7-19 を用いると，凸レンズによる実像の場合と同様にして，この場合のレンズの公式

$$\frac{1}{a} - \frac{1}{b} = -\frac{1}{f} \tag{7.47}$$

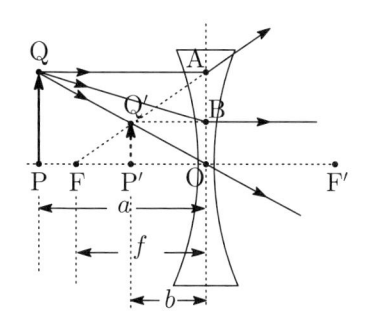

図 7-19 凹レンズによる虚像

が得られる．凹レンズについてのこの結論は，物体が焦点距離の内側であっても外側であっても変わらず，いつも正立虚像ができ，レンズの公式も変わらない．

■ また，出来る像が虚像の場合には，像のレンズからの距離を $-b$ で表し，凹レンズの場合には，焦点距離を $-f$ で表すことにすると，凸レンズによる虚像の場合のレンズの公式 (7.46)，凹レンズによる虚像の場合のレンズの公式 (7.47) は，いずれも凸レンズによる実像の場合のレンズの公式 (7.44) に帰着できることがわかる．

例題 7.6　焦点距離が 6 cm の凹レンズの前方 12 cm に物体を置き，レンズを後方から見ると正立虚像が見えた．このときの倍率 m を求めよ．

例題略解

例題 7.1　$k = \sqrt{1^2 + 2^2 + 2^2} = 3$, $\omega = kv = 3v$
　　$\longrightarrow \xi(x,y,z,t) = A\sin(x + 2y + 2z - 3vt + \phi)$

例題 7.2　$k = \omega/v \longrightarrow \xi(r,t) = \dfrac{A}{r}\sin((\omega/v)r - \omega t + \phi)$

例題 7.3　$n_{12} = \dfrac{v_1}{v_2} = \dfrac{c/v_2}{c/v_1} = \dfrac{n_2}{n_1}$

例題 7.4　$\dfrac{1}{30} = \dfrac{1}{120} + \dfrac{1}{b} \longrightarrow b = 40\,\text{cm}$

例題 7.5　$\dfrac{1}{10} = \dfrac{1}{8} - \dfrac{1}{b} \longrightarrow b = 40 \longrightarrow m = \dfrac{b}{a} = \dfrac{40}{8} = 5$

例題 7.6　$-\dfrac{1}{6} = \dfrac{1}{12} - \dfrac{1}{b} \longrightarrow b = 4 \longrightarrow m = \dfrac{b}{a} = \dfrac{1}{3}$

章末問題

問題 7.1 波動関数が球対称な関数 $\xi = \xi(r,t)$ の場合には,微分演算子 $\nabla^2 = \dfrac{\partial^2}{\partial x^2} + \dfrac{\partial^2}{\partial y^2} + \dfrac{\partial^2}{\partial z^2}$ が,$\nabla^2 = \dfrac{\partial^2}{\partial r^2} + \dfrac{2}{r}\dfrac{\partial}{\partial r}$ と変形できる.これを用いて,式 (7.26) が,3 次元の波動方程式 (7.8) の解であることを示せ.

問題 7.2 凸レンズによる虚像でのレンズから焦点までの距離 f,物体までの距離 a,虚像までの距離 b の間の関係式 (7.46) と,凹レンズによる虚像での関係式 (7.47) をそれぞれ求めよ.

第8章 波のエネルギー伝達

すでに波動はエネルギーを伝達することを学んだが，改めて，弦を伝わる横波の場合のエネルギー伝達について学習する．そして，前章で媒質の異なる境界での波の反射や透過の現象を学んだが，弦を伝わる横波を例として，1次元の波の反射と透過を波動関数を用いて定量的に調べ，このときのエネルギーの伝わり方を学習しよう．

8.1 弦を伝わる波動の強度

■ **弦を伝わる波動のエネルギー伝達** 波動は媒質の一部分が振動するとき，隣の部分に力を加え，これにより隣の部分も振動を始め，それが次々と伝わる現象である．このとき，その媒質の一部分は，隣の部分に力を加えるため，同時に仕事を行うことにもなる．そのため，波の伝播に従ってエネルギーも伝達する．ここでは媒質の一部分が振動することによる力学的エネルギーを求め，それが波の移動とともに伝達されるときの定量的な扱い方を学ぶ．具体例として，6.1.2項で学んだ弦を伝わる横波の場合を取り上げる．

■ 線密度 σ の弦を張力 τ で張って，弦をはじいて横波を生じさせる．このとき，図8-1の長さ Δx の弦の微小な部分 AB は ξ 方向に運動することによって，運動エネルギーを持つ．また，弦の運動によって，弦がわずかに傾くため，微小部分 AB の長さ Δx が伸びて Δs になるため，

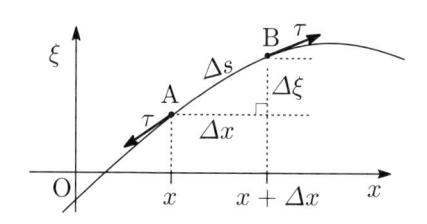

図 8-1 弦を伝わる横波のエネルギー

微小部分 AB は弾性エネルギー，つまり位置エネルギーを持つ．このように生じる力学的エネルギーが弦を伝わることになる．

■ **弦の運動エネルギー** まずは，弦の微小部分 AB の運動エネルギーを求めてみよう．微小部分 AB の ξ 方向の速度は

$$v_\xi = \frac{\partial \xi}{\partial t} \tag{8.1}$$

で表される．微小部分 AB の質量は $\Delta m = \sigma \Delta x$ であるので，微小部分 AB

の運動エネルギー ΔK は，

$$\Delta K = \frac{1}{2}(\Delta m)v_\xi^2 = \frac{1}{2}(\sigma \Delta x)\left(\frac{\partial \xi}{\partial t}\right)^2 = \frac{1}{2}\sigma \left(\frac{\partial \xi}{\partial t}\right)^2 \Delta x \tag{8.2}$$

となる．

■ **弦の位置エネルギー** 次に，弦の微小部分 AB が蓄えている位置エネルギーを求める．弦上の点 A と B の ξ 方向の変位の差 $\Delta \xi$ は，弦の傾きが微係数 $\dfrac{\partial \xi}{\partial x}$ で与えられることを用いると

$$\Delta \xi \equiv \xi(x+\Delta x, t) - \xi(x,t) \approx \frac{\partial \xi}{\partial x}\Delta x \tag{8.3}$$

と表すことができる．そして，微小部分 AB が伸びたときの長さ Δs は，三平方の定理から

$$\Delta s \approx \sqrt{(\Delta x)^2 + (\Delta \xi)^2} \approx \sqrt{(\Delta x)^2 + \left(\frac{\partial \xi}{\partial x}\Delta x\right)^2} = \Delta x\sqrt{1+\left(\frac{\partial \xi}{\partial x}\right)^2}$$

$$\longrightarrow \Delta s \approx \left\{1+\frac{1}{2}\left(\frac{\partial \xi}{\partial x}\right)^2\right\}\Delta x \tag{8.4}$$

である[1]．したがって，微小部分 AB の伸びは

$$\Delta s - \Delta x = \frac{1}{2}\left(\frac{\partial \xi}{\partial x}\right)^2 \Delta x \tag{8.5}$$

と評価できる．よって，弦の微小部分 AB に蓄えられる位置エネルギー ΔU は，弦が一定の張力 τ を受けながら伸びるときに必要な仕事として，

$$\Delta U = \tau(\Delta s - \Delta x) = \frac{1}{2}\tau\left(\frac{\partial \xi}{\partial x}\right)^2 \Delta x \tag{8.6}$$

となる（例題 8.1 参照）．

[1] 微少量 δ に関する次の近似式 $(1+\delta)^n \approx 1+n\delta$ $(|\delta| \ll 1)$ を用いた．

例題 8.1 ばね定数 k のばねが長さ l だけ伸びた状態から，さらに微小長さ Δl だけ伸びた場合の位置エネルギーの増加分を張力 $\tau(=kl)$ と微小長さ Δl を用いて表せ．

■ **弦のエネルギー密度と波の強度** 以上より，式 (8.2) と式 (8.6) から，微小部分 AB の力学的エネルギー ΔE は

$$\Delta E = \Delta K + \Delta U = \left\{\frac{1}{2}\sigma\left(\frac{\partial \xi}{\partial t}\right)^2 + \frac{1}{2}\tau\left(\frac{\partial \xi}{\partial x}\right)^2\right\}\Delta x \tag{8.7}$$

であり，弦の単位長さ当たりのエネルギー，つまり**エネルギー密度** $\mathcal{E}$ は

$$\mathcal{E} = \frac{1}{2}\sigma\left(\frac{\partial \xi}{\partial t}\right)^2 + \frac{1}{2}\tau\left(\frac{\partial \xi}{\partial x}\right)^2 \tag{8.8}$$

である．

■ 弦を伝わる横波の速さを v とすると，弦のある断面を単位時間に長さ v の弦の持つエネルギーが移動する．弦を伝わる横波の**強度** I は，単位時間当たり弦の断面を移動するエネルギーと定義されるが[2]，波形を変えないで進行する波の場合は，平均エネルギー密度 $\overline{\mathcal{E}}$ [3] と波の速さ v の積

$$I = v\overline{\mathcal{E}} \tag{8.9}$$

で表すことができる．

■ **正弦波の強度** 弦を伝わる波が，正弦波 $\xi = A\sin(kx - \omega t)$ の場合は式 (8.8) よりエネルギー密度は

$$\begin{aligned}\mathcal{E} &= \frac{1}{2}\sigma A^2\omega^2 \cos^2(kx - \omega t) + \frac{1}{2}\tau A^2 k^2 \cos^2(kx - \omega t) \\ &= \sigma A^2 \omega^2 \cos^2(kx - \omega t)\end{aligned} \tag{8.10}$$

となる．ここで，$v = \dfrac{\omega}{k} = \sqrt{\dfrac{\tau}{\sigma}}$ を用いた．そして $\cos^2(kx - \omega t)$ の空間座標 x に関する平均は $\dfrac{1}{2}$ であるから，平均エネルギー密度は，

$$\overline{\mathcal{E}} = \frac{1}{2}\sigma A^2 \omega^2 \tag{8.11}$$

となる．したがって，波の強度は

$$I = v\overline{\mathcal{E}} = \frac{1}{2} v \sigma A^2 \omega^2 \tag{8.12}$$

となる．線密度 σ の弦を張力 τ で張ると，生じる横波の速さ v は決まる．しかし，振動のさせ方でいろいろな振幅 A と角振動数 ω の違った横波を起こすことができる．このとき，弦を伝わる波動の強度は振幅 A の2乗と角振動数 ω の2乗に比例する．

例題 8.2 $\cos^2(kx - \omega t)$ の空間座標 x に関する平均 $\dfrac{1}{\lambda}\displaystyle\int_0^\lambda \cos^2(kx - \omega t) dx$ が，$\dfrac{1}{2}$ であることを示せ．

---

2) 弦の場合はこのように断面を単位時間当たり移動するエネルギーで定義されるが，拡がりのある媒質の場合は，波の進行方向と垂直な単位断面積を単位時間当たり移動するエネルギーとして定義される．

3) 平均は波形を変えないで進行する波の場合は，空間平均をとっても，時間平均をとっても同じである．

8.2 弦を伝わる横波の端点での反射

弦を伝わる横波が弦の端点に到達すると，端点で反射して弦を逆向きに進む反射波が生じる．弦に力を加えて張るためには，端点を弦の方向には動かないようにしなければならないが，その方法として，端点を完全に固定する方法と，端点を弦方向には動かないが，弦の変位方向には自由に動けるようにしておく方法がある．第 1 の状態の端点を**固定端**と呼び，第 2 の状態の端点を**自由端**と呼ぶ．それぞれの端点での弦を伝わる波の反射について考える．

8.2.1 固定端反射

■ **入射波と反射波の波動関数** 線密度 σ の弦に，張力 τ を加えて張る．図 8-2 のように，座標原点 $x=0$ が固定端であるとし，この固定端に，右向きに波数 k，角振動数 ω の正弦波が入射するとする．この入射波の波動関数を複素指数関数表示 (5.21) によって

$$\xi(x,t) = Ae^{i(kx-\omega t)} \tag{8.13}$$

と表す．振幅 A は正の実数である．端点での反射波の波数，角振動数は入射波の値と一致することが予想されるが，ただちに明らかではないので，まず，反射波の波数を k'，角振動数を ω' とする．反射波は入射波と同じ速さで反対方向へ進む波であるから，反射波の波動関数を複素指数関数表示 (5.22) で

$$\xi'(x,t) = Be^{i(-k'x-\omega't+\alpha)} \tag{8.14}$$

と表すことができる．振幅 B は正の実数であり，位相定数 α ($0 \leqq \alpha < 2\pi$) は，入射波に対する位相変化の可能性を考えて導入してある．

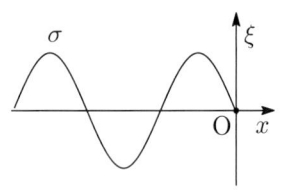

図 8-2 弦を伝わる横波の固定端反射

例題 8.3 複素波動関数 (8.13) は，弦を伝わる横波の速さを v とすると，関係 $\omega = kv$ を満たしているときには，波動方程式 (6.5): $\dfrac{\partial^2 \xi}{\partial t^2} = v^2 \dfrac{\partial^2 \xi}{\partial x^2}$ の解であることを確かめよ．

■ **固定端での境界条件** 固定端 $x=0$ では，入射波と反射波の合成波の変位が 0 であるから，時刻 t によらず条件

$$\xi(0,t) + \xi'(0,t) = 0 \tag{8.15}$$

を満たさなければならない．この条件を固定端における境界条件と呼ぶ．

■ 境界条件 (8.15) に，式 (8.13) と式 (8.14) を代入すると，

$$Ae^{i(-\omega t)} + Be^{i(-\omega' t+\alpha)} = 0 \tag{8.16}$$

が時刻 t によらず成り立たなければならない．これより，まず

$$\omega' = \omega \tag{8.17}$$

が得られ，入射波と反射波の角振動数が等しいことが導かれる．さらに，式 (8.16) から

$$A + Be^{i\alpha} = 0 \tag{8.18}$$

となるが，A, B が正の実数であり，$|e^{i\alpha}| = 1$ であるから [4]，$e^{i\alpha} = 1$ ま

---

4) $|e^{i\alpha}|$
$= |\cos\alpha + i\sin\alpha|$
$= \sqrt{\cos^2\alpha + \sin^2\alpha}$
$= 1$

8.2. 弦を伝わる横波の端点での反射

たは $e^{i\alpha} = -1$ しかない．今の場合は

$$B = Ae^{i\alpha} \quad \cdots \quad (8.19)$$

伝わる波の位相速度 v は
ると，入射波と反射波の波

$$\text{(8.20)}$$

$$\text{(8.21)}$$

ととると，入射波と反射波

$$\text{(8.22)}$$
$$\text{(8.23)}$$

角振動数 ω，振幅 A は変

の式 (8.22) と反射波の式
境界条件 (8.15) を満たし

$x = 0$ が自由端とし，前

$$\text{(8.24)}$$

入射波と反射波の値は同じ
，反射波の波動関数を

$$\text{(8.25)}$$

と表すこととする．

■ **自由端の境界条件** 自由端反射の場合，図 8-3 のように，弦の端 $x = 0$ では変位 ξ 方向に自由に動くことができるようになっている．だから，弦の端で x 方向には張力 τ が働くけれど，ξ 方向には右側から力は働かない．

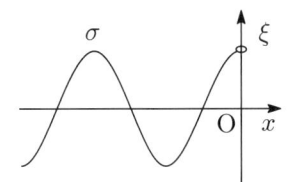

図 8-3 弦を伝わる横波の自由端反射

『振動・波動 講義ノート』正誤表（初版 9 刷用）

頁	行	誤	正
74	式(8.14)	$\xi'(x,t) = Be^{i(-kx-\omega t+\alpha)}$	$\xi'(x,t) = Be^{i(-k'x-\omega' t+\alpha)}$

5) 任意の関数 $\varphi(x)$ に対して，$\varphi(x)|_{x=x_0}$ は関数 $\varphi(x)$ の変数 x が x_0 のときの値，つまり $\varphi(x_0)$ を表す．微分式など演算後の式に，変数のある値を入れたときに使う．

弦の端点が左側から受ける張力の ξ 成分 F_ξ は 0 でなければならない．したがって，式 (6.8) を使うと，合成波について，条件

$$\tau \frac{\partial}{\partial x}(\xi + \xi')\bigg|_{x=0} = 0 \longrightarrow \frac{\partial \xi}{\partial x}\bigg|_{x=0} + \frac{\partial \xi'}{\partial x}\bigg|_{x=0} = 0 \tag{8.26}$$

が成立しなければならない[5]．これを自由端における境界条件という．

■ 境界条件 (8.26) に，式 (8.24) と (8.25) を代入し，共通因子で割ると

$$A - Be^{i\alpha} = 0 \tag{8.27}$$

が導かれる．これより，

$$B = A, \qquad e^{i\alpha} = 1 \longrightarrow \alpha = 0 \tag{8.28}$$

が得られる．以上から反射波の波動関数は

$$\xi'(x,t) = Ae^{i(-kx-\omega t)} \tag{8.29}$$

で与えられる．入射波の波動関数 (8.24) と反射波の波動関数 (8.29) の実数関数表示をすれば

$$\xi(x,t) = A\sin(kx - \omega t) \tag{8.30}$$
$$\xi'(x,t) = A\sin(-kx - \omega t) \tag{8.31}$$

である．したがって，自由端反射では，波数 k，角振動数 ω，振幅 A とともに，位相も変化しないことがわかった．

例題 8.5 自由端反射における入射正弦波 (8.30) と反射正弦波 (8.31) の合成波は，境界条件 (8.26) を満たすことを確認し，さらに，原点 $x = 0$ では，振幅 $2A$ で単振動することを示せ．

8.3　2つの弦の継ぎ目での横波の反射と透過

図 8-4 のように，線密度の異なる 2 つの弦が，座標 $x = 0$ においてつながれて張力 τ で張られている．弦の線密度それぞれ σ_1，σ_2 とする．左側の第 1 の弦の左方向から正弦波を入射させると，$x = 0$ の継ぎ目で第 1 の弦に戻る反射波と，右側の第 2 の弦に伝わる透過波を生ずる．

8.3.1　入射波，反射波，透過波と境界条件

■ **入射波，反射波，透過波の波動関数**　入射波の波動関数を複素指数関数で表示し

$$\xi_1(x,t) = Ae^{i(k_1 x - \omega t)} \tag{8.32}$$

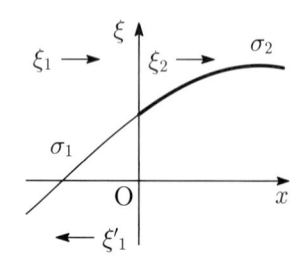

図 8-4 弦の継ぎ目での反射と透過

で表す．ここで，k_1 は弦 1 を伝わる正弦波の波数，ω は角振動数である．$x = 0$ の継ぎ目で第 1 の弦に戻る反射波は入射波と同じ波数と角振動数をもち，逆向きに進行する波であるから，その波動関数は

$$\xi_1'(x,t) = Be^{i(-k_1 x - \omega t + \alpha)} \tag{8.33}$$

と書き表せる．また，透過波は第 2 の弦を伝わる波であり，その波数を k_2，角振動数を ω とすると透過波の波動関数は

$$\xi_2(x,t) = Ce^{i(k_2 x - \omega t + \beta)} \tag{8.34}$$

である [6]．ここで，振幅 A, B, C は正の実数であり，α, β はそれぞれ反射波と透過波の入射波に対する位相変化を表す．

■ また，第 1 の弦と第 2 の弦は同一の大きさの張力 τ で張られているので，それぞれを横波が伝わる速さ v_1, v_2 は，線密度 σ_1, σ_2 を用いて

$$v_1 = \sqrt{\frac{\tau}{\sigma_1}}, \qquad v_2 = \sqrt{\frac{\tau}{\sigma_2}} \tag{8.35}$$

である．そして，それぞれを伝わる横波の波数は

$$k_1 = \frac{\omega}{v_1} = \omega\sqrt{\frac{\sigma_1}{\tau}}, \qquad k_2 = \frac{\omega}{v_2} = \omega\sqrt{\frac{\sigma_2}{\tau}} \tag{8.36}$$

で与えられる．

■ **境界条件** 波動を表す波動関数は，一般になめらかな関数である [7]．この弦に生じる横波の波動関数 $\xi(x,t)$ は，第 1 の弦上では，$\xi_1(x,t) + \xi_1'(x,t)$ であり，第 2 の弦上では，$\xi_2(x,t)$ である．つまり

$$\xi(x,t) = \begin{cases} \xi_1(x,t) + \xi_1'(x,t) & (x \leq 0) \\ \xi_2(x,t) & (x \geq 0) \end{cases} \tag{8.37}$$

である．接合された弦が張力を加えてピンと張られた状態で，その弦上に波が生じている場合は，その継ぎ目 $x = 0$ においても，波動関数 $\xi(x,t)$ はなめらかでなければならない．つまり，変位を表す波動関数 ξ は連続であり，弦の傾きを表す微係数 $\dfrac{\partial \xi}{\partial x}$ も連続でなければならない．したがって，次の 2 つの境界条件 [8]

$$(1) \quad \xi_1(0,t) + \xi_1'(0,t) = \xi_2(0,t), \tag{8.38}$$

$$(2) \quad \left.\frac{\partial \xi_1}{\partial x}\right|_{x=0} + \left.\frac{\partial \xi_1'}{\partial x}\right|_{x=0} = \left.\frac{\partial \xi_2}{\partial x}\right|_{x=0} \tag{8.39}$$

■ 式 (8.32)，式 (8.33)，式 (8.34) を境界条件 (8.38)，(8.39) に代入すると

$$Ae^{-i\omega t} + Be^{i(-\omega t + \alpha)} = Ce^{i(-\omega t + \beta)}, \tag{8.40}$$

$$iAk_1 e^{-i\omega t} - iBk_1 e^{i(-\omega t + \alpha)} = iCk_2 e^{i(-\omega t + \beta)} \tag{8.41}$$

---

[6] 入射波，反射波，透過波の角振動数は等しいとしてあるが，これは前節と同様に，仮定しなくても導かれるものである．この物理的な意味は，入射波がつなぎ目の部分に引き起こす角振動数 ω の単振動が波源になって，再び反射波と透過波を生じていると考えればよくわかる．

[7] なめらかな関数とは，
　① 関数値が連続
　② 1 回微分可能で微係数が連続
であることを意味する．これは，波動方程式が 2 階の偏微分方程式であることから，その解である波動関数が持たなければならない性質である．

[8] 第 2 の境界条件は，自由端において境界条件を考えたと同様に，境界での双方の弦が他方に加える力の ξ 成分が，作用反作用の法則より，同じでなければならないという物理的な条件から導かれるともみなすことができる．

が得られる．これらより，反射波と透過波の振幅と位相定数を決める関係式

$$Be^{i\alpha} = \frac{k_1 - k_2}{k_1 + k_2}A = \frac{\sqrt{\sigma_1} - \sqrt{\sigma_2}}{\sqrt{\sigma_1} + \sqrt{\sigma_2}}A, \tag{8.42}$$

$$Ce^{i\beta} = \frac{2k_1}{k_1 + k_2}A = \frac{2\sqrt{\sigma_1}}{\sqrt{\sigma_1} + \sqrt{\sigma_2}}A \tag{8.43}$$

が導かれる．上の2つの式の線密度を用いた最後の表現への変形には，波数を与える式 (8.36) を用いた．$\sigma_1 = \sigma_2$ のときは，特殊な $B = 0$ となる事例である．この場合をこの章の最後に取り上げる．

8.3.2　反射波と透過波の振幅と位相

■ **反射波と透過波の振幅**　式 (8.42)，式 (8.43) において，振幅を表す定数 A, B, C はいずれも正の実数としているので，これらの式の両辺の絶対値をとれば，$|e^{i\alpha}| = |e^{i\beta}| = 1$ であるから

$$B = \frac{|k_1 - k_2|}{k_1 + k_2}A = \frac{|\sqrt{\sigma_1} - \sqrt{\sigma_2}|}{\sqrt{\sigma_1} + \sqrt{\sigma_2}}A, \tag{8.44}$$

$$C = \frac{2k_1}{k_1 + k_2}A = \frac{2\sqrt{\sigma_1}}{\sqrt{\sigma_1} + \sqrt{\sigma_2}}A \tag{8.45}$$

となり，反射波の振幅 B，透過波の振幅 C を求めることができる．

■ **反射波の位相変化**　式 (8.42) の両辺を，式 (8.44) の両辺で割ると

$$e^{i\alpha} = \frac{|k_1 - k_2|}{k_1 - k_2} = \frac{|\sqrt{\sigma_1} - \sqrt{\sigma_2}|}{\sqrt{\sigma_1} - \sqrt{\sigma_2}} = \pm 1 \tag{8.46}$$

が得られる．上式の符号が正負のいずれになるかは弦の線密度 σ_1, σ_2 の大小関係によって異なる．

(1)　$\sigma_1 > \sigma_2$ の場合，つまり第1の弦の線密度の方が，第2の弦の線密度より大きい場合は，

$$\sqrt{\sigma_1} > \sqrt{\sigma_2} \ \longrightarrow \ e^{i\alpha} = 1 \ \longrightarrow \ \alpha = 0 \tag{8.47}$$

となり，反射波の位相変化はない．この結果は単一の弦の自由端反射の場合と同じである．

(2)　$\sigma_1 < \sigma_2$ の場合，つまり第1の弦の線密度の方が，第2の弦の線密度より小さい場合は，

$$\sqrt{\sigma_1} < \sqrt{\sigma_2} \ \longrightarrow \ e^{i\alpha} = -1 \ \longrightarrow \ \alpha = \pi \tag{8.48}$$

となり，反射波は π だけ位相が変化する．この結果は単一の弦の固定端反射の場合と同じである．

■ **透過波の位相変化** 同様にして，式 (8.43) から，振幅 A, C は正の実数に取っているので，$e^{i\beta}$ が正の実数でなければならない．したがって

$$e^{i\beta} = 1 \longrightarrow \beta = 0 \tag{8.49}$$

となる．そのため，透過波の位相変化はない．

8.3.3 反射率と透過率

■ **振幅反射率と振幅透過率** 位相定数 α, β が決まったので，式 (8.42) と式 (8.43) から，反射波と透過波の入射波に対する振幅の比である**振幅反射率** R_a と，**振幅透過率** T_a を，

$$R_a \equiv \frac{B}{A} = \frac{|k_1 - k_2|}{k_1 + k_2} = \frac{|\sqrt{\sigma_1} - \sqrt{\sigma_2}|}{\sqrt{\sigma_1} + \sqrt{\sigma_2}}, \tag{8.50}$$

$$T_a \equiv \frac{C}{A} = \frac{2k_1}{k_1 + k_2} = \frac{2\sqrt{\sigma_1}}{\sqrt{\sigma_1} + \sqrt{\sigma_2}} \tag{8.51}$$

と求めることができる．

■ **エネルギー反射率とエネルギー透過率** 入射波の強度 I_1 に対する反射波の強度 I_1' および透過波の強度 I_2 の比をそれぞれ**エネルギー反射率** R_p，**エネルギー透過率** T_p という．正弦波の強度は，式 (8.12) で与えられるので，エネルギー反射率 R_p, エネルギー透過率 T_p は，それぞれ振幅反射率 R_a, 振幅透過率 T_a を用いて

$$R_p = \frac{I_1'}{I_1} = \frac{\frac{1}{2}v_1\sigma_1\omega^2 B^2}{\frac{1}{2}v_1\sigma_1\omega^2 A^2} = \frac{B^2}{A^2} = R_a^2, \tag{8.52}$$

$$T_p = \frac{I_2}{I_1} = \frac{\frac{1}{2}v_2\sigma_2\omega^2 C^2}{\frac{1}{2}v_1\sigma_1\omega^2 A^2} = \frac{v_2\sigma_2 C^2}{v_1\sigma_1 A^2} = \sqrt{\frac{\sigma_2}{\sigma_1}}T_a^2 \tag{8.53}$$

と表すことができる．ここで，関係 $v = \sqrt{\frac{\tau}{\sigma}}$ を用いた．さらに振幅反射率 R_a と振幅透過率 T_a の表現式 (8.50), (8.51) を用いると，エネルギー反射率 R_p, エネルギー透過率 T_p は

$$R_p = \frac{(\sqrt{\sigma_1} - \sqrt{\sigma_2})^2}{(\sqrt{\sigma_1} + \sqrt{\sigma_2})^2}, \quad T_p = \frac{4\sqrt{\sigma_1\sigma_2}}{(\sqrt{\sigma_1} + \sqrt{\sigma_2})^2} \tag{8.54}$$

と，2つの弦の線密度 σ_1, σ_2 で表される．

■ エネルギー反射率 R_p とエネルギー透過率 T_p の和を求めると，式 (8.54) から

$$R_p + T_p = \frac{(\sqrt{\sigma_1} - \sqrt{\sigma_2})^2 + 4\sqrt{\sigma_1\sigma_2}}{(\sqrt{\sigma_1} + \sqrt{\sigma_2})^2} = 1 \tag{8.55}$$

となることが導かれる．これは，透過波と反射波のエネルギーの和は入射波のエネルギーに等しくなり，継ぎ目でエネルギー損失がないことを示す．

■ また，2つの弦が違う物質からできている場合でも，線密度が一致する場合 ($\sigma_1 = \sigma_2$) には特別なことが起こる．式 (8.50), (8.51), (8.54) から

$$R_a = 0, \quad T_a = 1, \tag{8.56}$$

$$R_p = 0, \quad T_p = 1 \tag{8.57}$$

となる．この場合には弦の継ぎ目において反射波が生じず，入射波はすべて透過し，波のエネルギーもそのまま伝えられる．電気回路において入出力のインピーダンスを合わせれば，エネルギーの損失が無くなる．このインピーダンスという用語を音響や振動系に拡張して用い，この特別な状態をインピーダンス整合ということもある．

例題略解

例題 8.1 $\Delta U = \frac{1}{2}k(l+\Delta l)^2 - \frac{1}{2}kl^2 \approx \frac{1}{2}(2kl)\Delta l = (kl)\Delta l = \tau \Delta l$

例題 8.2 $\dfrac{1}{\lambda}\displaystyle\int_0^\lambda \cos^2(kx-\omega t)dx = \dfrac{1}{\lambda}\displaystyle\int_0^\lambda \dfrac{1+\cos 2(kx-\omega t)}{2}dx = \dfrac{1}{2}$

例題 8.3 (左辺) $= \dfrac{\partial^2 \xi}{\partial t^2} = \dfrac{\partial^2}{\partial t^2}Ae^{i(kx-\omega t)} = -\omega^2 A e^{i(kx-\omega t)}$,

(右辺) $= v^2 \dfrac{\partial^2 \xi}{\partial x^2} = v^2 \dfrac{\partial^2}{\partial x^2}Ae^{i(kx-\omega t)} = -v^2 k^2 A e^{i(kx-\omega t)}$ ここで，$v^2 k^2 = \omega^2$ となるため，両辺が一致し，複素指数関数 (8.13) が，1次元の波動方程式 (6.5) の解であることがわかる．

例題 8.4 原点では入射波は $\xi(0,t) = A\sin(-\omega t)$ となり，反射波は $\xi'(0,t) = A\sin(-\omega t + \pi) = -A\sin(-\omega t)$ であるため，合成波 $\xi(0,t) + \xi'(0,t) = 0$ となり，常に変位がないことになり，境界条件 (8.15) が成り立つ．

例題 8.5 原点では入射波は $\xi(0,t) = A\sin(-\omega t)$ となり，反射波は $\xi'(0,t) = A\sin(-\omega t)$ であるため，合成波 $\xi(0,t) + \xi'(0,t) = -2A\sin(\omega t)$ となる．つまり，媒質の自由端では，入射波の2倍の振幅で単振動する．

章末問題

問題 8.1 固定端反射の反射波 (8.23): $\xi'(x,t) = A\sin(-kx - \omega t + \pi)$ の波形のグラフは，入射波の波形の原点対称のグラフとなることを示せ．

問題 8.2 自由端反射の反射波 (8.31): $\xi'(x,t) = A\sin(-kx - \omega t)$ の波形のグラフは，入射波の波形の y 軸対称のグラフとなることを示せ．

第9章 干渉と回折

9.1 干渉

9.1.1 波動の強度と干渉

■ **重ね合わせの原理と干渉** すでに 6.2.2 項と 6.2.3 項で学んだように，波動関数が ξ_1 と ξ_2 で表される 2 つの波が同じ場所に進んでくると，重ね合わせの原理により，波動関数

$$\xi = \xi_1 + \xi_2 \tag{9.1}$$

で表される合成波が形成される．そして，波動関数は媒質の変位を表す正負の符号を持つ量なので，それぞれの波動関数の和をとることによって，強め合ったり弱め合ったりする．この現象は波動特有のもので，波の**干渉**と呼ぶことを学んだ．

■ **波動の強度と干渉** 弦を伝わる波とか，水面波のように媒質の変位を直接観測できる場合は，式 (9.1) そのもので，干渉現象を表現することで充分である．しかし，後で学習する光波では，振動数が非常に大きく電磁場の時間的変化を観測することは困難であり，実際の観測は波の持ち運んできたエネルギーを観測するのである．したがって，5.3.3 項ですでに学習した波動の強度を用いて干渉現象を表現することが必要である．**波の強度** I は，式 (5.25) で定義されたように，波動関数 $\xi = A\sin(kx - \omega t + \phi)$ で表される正弦波については

$$I = \frac{1}{2}v\rho\omega^2 A^2$$

であるが[1]，波動関数の 2 乗 ξ^2 の時間平均 $\overline{\xi^2}$ は[2]，周期 T を用いて，

$$\overline{\xi^2} \equiv \frac{1}{T}\int_0^T \xi^2 dt \tag{9.2}$$

のように定義される．正弦波について，これを計算すると

$$\overline{\xi^2} = \frac{A^2}{T}\int_0^T \sin^2(kx - \omega t + \phi)dt = \frac{1}{2}A^2 \tag{9.3}$$

であるので（例題 9.1 参照），

$$I \propto \overline{\xi^2} \tag{9.4}$$

1) v は波の速度，ρ は媒質の密度，ω は波の角振動数，A は波の振幅を表す．

2) 正弦波については，時間平均をとっても，空間平均をとっても同じ値を与える．

第9章　干渉と回折

3) ξ_1, ξ_2 はともに正弦波で，同じ角振動数 ω で同じ密度 ρ の媒質中を伝播しており，波の速度 v は同一であるということを前提にしている．

となり，波の強度 I は波動関数の2乗の時間平均 $\overline{\xi^2}$ に比例する．式 (9.1) の合成波に適用すると[3)]

$$I \propto \overline{(\xi_1+\xi_2)^2} = \overline{\xi_1^2 + \xi_2^2 + 2\xi_1\xi_2} = \overline{\xi_1^2} + \overline{\xi_2^2} + 2\overline{\xi_1\xi_2}$$
$$\longrightarrow \quad I = I_1 + I_2 + I_{12} \tag{9.5}$$

なる関係式が得られる．ここで，

$$I_1 \propto \overline{\xi_1^2}, \qquad I_2 \propto \overline{\xi_2^2}, \qquad I_{12} \propto 2\overline{\xi_1\xi_2} \tag{9.6}$$

であり，比例係数は同一である．I_1, I_2 はそれぞれの波 ξ_1, ξ_2 の強度であり，いずれも正の値である．しかし，I_{12} は2つの波の波動関数の位相の差によって決まる相対的な符号が一致するかしないのかに応じて，正にも負にもなる量である．この量 I_{12} は干渉を特徴づけるもので，**干渉項**という．式 (9.5) が干渉を強度で表した式である．この関係から明らかなように，合成波の強度 I は，それぞれの波の強度 I_1, I_2 の和 I_1+I_2 と一致するとは限らない．まさにこれが干渉現象である[4)]．$\xi_1 = A_1\sin(kx-\omega t+\phi_1)$, $\xi_2 = A_2\sin(kx-\omega t+\phi_2)$ の場合は

4) 干渉項 $I_{12}>0$ の場合は，$I>I_1+I_2$ となり**強め合う**．これを**正の干渉**ともいう．逆に，$I_{12}<0$ の場合は，$I<I_1+I_2$ となり**弱め合う**．これを**負の干渉**ともいう．

$$2\overline{\xi_1\xi_2} = A_1A_2\cos(\phi_1-\phi_2) \tag{9.7}$$

で与えられる（章末問題 9.1 参照）．したがって，干渉項は位相差 $\Delta\phi = \phi_1 - \phi_2$ に依存する．

例題 9.1 関係 $\sin^2\theta = \dfrac{\cos 2\theta + 1}{2}$ を用いて，式 (9.3) が正しいことを確かめよ．

■ **粒子線の持ち運ぶエネルギーと粒子線強度**　小さな粒子の集団の移動現象を**粒子線**と呼ぶが，粒子線も当然エネルギーを持ち運ぶ．粒子が小さくて直接観測されない場合は，観測対象が，波動か粒子線かはただちに判断できない．粒子線の場合の**粒子線強度**は，単位時間に，単位断面積あたり構成粒子全体が運んできたエネルギーであり，当然正の量である．2つの粒子線が，同じ領域に進行したとしても，全体の粒子線強度 ρ は，個々の粒子線強度 ρ_1, ρ_2 の単なる和になる．つまり

5) 実は，この議論は，日常的に観測される大きさのマクロな（**巨視的**な）物体について，ニュートンの打ち立てた古典力学からの結論である．電子のように，極微の世界のミクロな（**微視的**な）粒子については，その粒子線を用いた実験で，波動性を示す干渉現象が観測され，ミクロな粒子に対する新しい見方と**量子力学**が建設されるきっかけになった．

$$\rho = \rho_1 + \rho_2 \tag{9.8}$$

であるから，粒子線については干渉現象は存在しない．まさに，干渉現象が存在するかどうかが，波動か粒子かを決める鍵となる[5)]．

6) ニュートン (1643-1727): イギリスの数学者，物理学者．

9.1.2　ヤングの干渉実験

■ **光の波動説とヤングの干渉実験**　ニュートン[6)]やその後継者たちは，

光を粒子線と考えて反射や屈折の現象を説明した．しかし，その後，光も波と考えられるようになったが，光が波であることを検証するためには，干渉現象が存在するかどうかを実験で確かめなければならない．そのような実験のうち，ヤング[7])が行った光の干渉実験を取り上げよう．図 9-1 のように，特定の波長 λ の光を 1 つのスリット（細いすきま）を通した上で，近接した 2 つのスリットを通し，スクリーン上で光の強度を観測する．次に回折の 9.2 節で触れるように，スリットを通った光は，直進するだけではなく少し周りに拡がっていく．2 つのスリットに到達した光は，最初のスリットを通り抜けた同一の光が分かれたものであるから，位相は同一であるが，2 つのスリットを通り抜けてスクリーンに到達するまでの道筋の長さによって，スクリーン上で再び重ね合わさるときの 2 つの波の位相は違ってくる．その結果，スクリーン上の各場所で異なった干渉が起こり，スクリーン上には干渉の結果による光の強度の変化が観測され，明暗の縞模様が現れる（図 9-1 参照）．干渉によって生ずる縞模様を一般に**干渉縞**という．実験の結果，スクリーン上にこの干渉縞が現れ，光が波動であることが確認された．

[7]) ヤング (1773-1829): イギリスの物理学者．

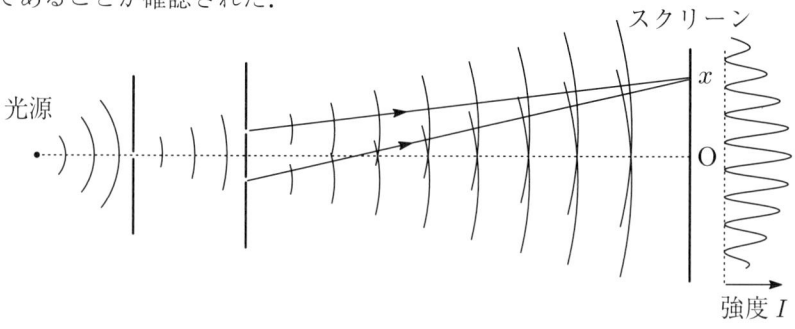

図 9-1 ヤングの干渉実験

■ **干渉縞の極大，極小条件**　到達点での干渉がどのように起こるかは，2 つの波の波動関数の**位相差** $\Delta\phi$ による．そして，位相差 $\Delta\phi$ は，2 つの波動が到達点までにたどる経路の長さの違いを表す**経路差** Δl を用いて

$$\Delta\phi = k\Delta l = \frac{2\pi}{\lambda}\Delta l \tag{9.9}$$

と表される．位相差が π の偶数倍のときは波の山と山が重なり，合成波の強度は極大となる．したがって**極大条件**[8]) は，

$$\Delta\phi = (2m)\pi$$
$$\longrightarrow \Delta l = (2m)\frac{\lambda}{2} \quad (m = 0, \pm 1, \pm 2, \cdots) \tag{9.10}$$

[8]) この条件を満たす場合は，明るい線が生じるので，**明線の条件**ともいう．

となる．逆に位相差が π の奇数倍のときは波の山と谷が重なり，合成波の強度は極小となる．したがって，**極小条件**[9]) は，

$$\Delta\phi = (2m+1)\pi$$
$$\longrightarrow \Delta l = (2m+1)\frac{\lambda}{2} \quad (m = 0, \pm 1, \pm 2, \cdots) \tag{9.11}$$

[9]) この条件を満たす場合は，暗い線が生じるので，**暗線の条件**ともいう．

である．以上から，干渉の極大，極小となる条件は，それぞれ2つの波の経路差 Δl が半波長 $\frac{\lambda}{2}$ の偶数倍，または奇数倍になる位置である．

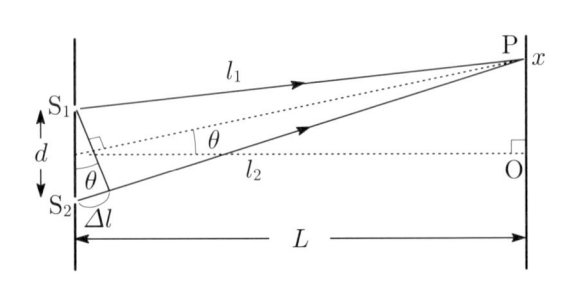

■ **ヤングの干渉実験の干渉縞** ところで，図9-2のように，2つのスリット S_1, S_2 の間の間隔を d，スリットからスクリーンまでの距離を L とし，スクリーンと光軸の交点 O を原点として，スクリーン上の点 P の位置を x とする．2つのスリットを通って点 P に到達する2つの光の経路をそれぞれ $\overline{S_1P} = l_1, \overline{S_2P} = l_2$ とすると，経路差は，図の角度 θ を用いると，

$$\Delta l = l_2 - l_1 \approx d\sin\theta \tag{9.12}$$

と表されるが，図のように距離 L が十分大きければ θ は小さいとしてよい．そして，この場合には近似式 $\sin\theta \approx \tan\theta$ を用いることができ

$$\Delta l \approx d\tan\theta = d\frac{x}{L} = \frac{xd}{L} \tag{9.13}$$

となる．すでに述べたように，式 (9.10) と式 (9.11) から，スクリーン上の強度が極大または極小となる位置は，それぞれ経路差 Δl が半波長 $\frac{\lambda}{2}$ の偶数倍，または奇数倍になる位置である．したがって，

$$\begin{aligned}\frac{xd}{L} &= (2m)\frac{\lambda}{2}\\ \longrightarrow\ x &= m\frac{L\lambda}{d} \qquad (m = 0, \pm 1, \pm 2, \cdots)\end{aligned} \tag{9.14}$$

となる位置 x には**明線**が現れ，同様に

$$\begin{aligned}\frac{xd}{L} &= (2m+1)\frac{\lambda}{2}\\ \longrightarrow\ x &= \left(m+\frac{1}{2}\right)\frac{L\lambda}{d} \qquad (m = 0, \pm 1, \pm 2, \cdots)\end{aligned} \tag{9.15}$$

となる位置 x には**暗線**が現れ，明暗の**干渉縞**が生じる．そして，明線間，または暗線間の間隔 Δx は，いずれも一定値

$$\Delta x = \frac{L\lambda}{d} \tag{9.16}$$

となる．このようにして（近似的にではあるが），図9-1で表されているように，スクリーン上に**等間隔**な**干渉縞**が観測されることになる．

例題 9.2 ヤングの干渉実験で，2つのスリット間隔が $d = 0.6 \times 10^{-3}$ m, $L = 2.4$ m 離れたスクリーン上の干渉縞間隔が $\Delta x = 2.0 \times 10^{-3}$ m であった．この実験で用いた光の波長はいくらか．

■ **干渉性の光** 光の場合は，異なった光源から放出される光の位相の間には一定の関係はない．だから，干渉を観測するためには，1つの光源から出た光を使う必要がある．さらに，後述するように，光源は連続的な正弦波を放出するのではなく，多くの小さな（局所的な）光を次々に放出していて，その間の位相も一定の関係はない．したがって，光の場合のヤングの干渉実験では，1つの光源から出た光を最初のスリットを通すことによって，1つの光を取り出し，次の2つのスリットによって，この光を2つに分けた上で，改めて重ね合わせることによって，干渉が起こるようにしてある．レーザー光のように，放出される光の位相がそろっている場合は，最初のスリットを用いなくても，干渉を観測することができる．このような光を**干渉性の光**と呼ぶ．

■ **音波による干渉実験** しかし，音波の場合は，同じ振動電流を用いて，音源の2つのスピーカーを同位相で振動させることができるので，図 9-3 のように，2つの音源から同位相の正弦波を出させることができる．そして，2つのスピーカーを結ぶ線分と平行な直線上で移動しながら，音波の強度を観測すると，等間隔で強くなったり弱くなったりする．このように，光の場合と同様な干渉現象を観測することができる．

例題 9.3 振動数 6.0×10^3 Hz の音波を用いてヤングの干渉実験を行った．同位相の正弦波を放出する2つの音源の間隔が 5.0×10^{-1} m であるとき，音源を結ぶ線分から距離 2.0 m にある平行直線上で観測される音の極大間の間隔はいくらか．音速は 330 m/s であった．

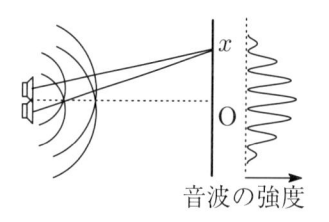

図 9-3 2つのスピーカーによる干渉実験

9.2 回折

9.2.1 ホイヘンスの原理と回折

■ **障害物と回折** 7.1.4 節で学習したように，波動が空間をどのように進行するかは，**ホイヘンスの原理**によって説明することができる．すでに述べたように，平面波がある方向に進行する場合，ある波面の各点から出た素元波が重ね合わさった結果できる包絡面が次の波面となるが，それは最初の波面と平行な平面となるので，波は直進する．次に，図 9-4 のように障害物がある場合は，

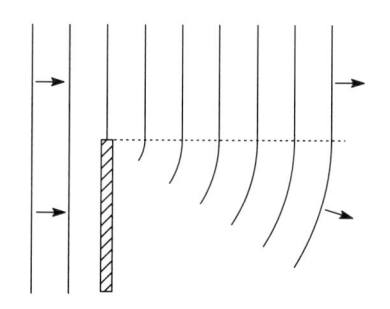

図 9-4 回折現象 1

どうなるであろうか．障害物により波動の進行が妨げられるので，当然障害物の後ろに"かげ"ができることが予想される．この状況での波動の進行について，ホイヘンスの原理を適用してみよう．波の波面が障害物のところに到達したとすると，波の波面からの素元波の一部が障害物に妨げられるので，妨げられずに進行した素元波の重ね合わせの結果生ずる波の波面は，完全な平面にはならなくなる．それと同時に，障害物近くを通り抜ける波からの素元波が，障害物の後方にも回り込む結果となる．このように，波が障害物の後方に回り込んで進行する現象を**回折**という[10]．したがって，障害物の"かげ"はぼけることになる．また，障害物がスリットのような場合は，波は回折の結果，図9-5のように拡がって進むことになる．

10) 波は回折すると同時に，障害物のつくる境界の後方で観測すると，狭い範囲では，素元波の干渉の結果として，ある種の干渉縞（回折縞）が観測される．

■ **波長と回折の関係** 同一の観測状況の場合は，相対的に波の波長が大きいほど，回折が顕著に観測される．したがって，日常的な環境においては，水面波や音波では，回折はよく観測されるが，光波は波長が非常に小さいので，回折は目立たず，障害物の境界でも直進し，したがって，明瞭な影ができるが，次に述べるように，観測条件を整えれば，光波の場合の回折を観測することができる．

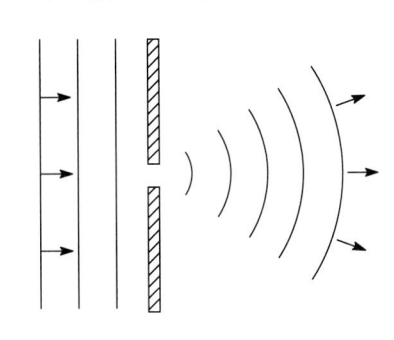

図 9-5 回折現象 2

9.2.2　回折格子

■ **回折格子**　光波の回折現象を応用した**回折格子**について学ぼう．図9-6のように，回折格子は，同じ幅のスリットを（格子状に）等間隔に多数並べたものである[11]．スリット幅も，スリット間の間隔も光の波長程度の小さいものにする．回折格子を特徴づけるのは格子間の間隔 d であり，これを**格子定数**という．これにより，各スリットでの光波の回折光全体による干渉を観測する．

11) このような回折格子を透過型の回折格子という．反射面に等間隔の直線状の傷をつけて，反射面が格子状になるようにして反射光を用いて回折現象を観測する反射型の回折格子もある．

■ **回折光の主極大と回折条件**　回折光全体による干渉の強度は，回折角 θ により複雑な変化をするが，隣り合ったスリットからの回折光の位相がそろったとき[12]，特に大きくなる．図9-6のように，波数 k（波長 λ）の単色光が回折格子で回折され角度 θ で進んだとする．このとき，隣り合うスリットからの回折光の間の経路差は，$\Delta l = d\sin\theta$ である．したがって，すべての回折光の位相差がそろうときは，回折角 θ が，条件

12) ここでは位相が 2π の整数倍違った場合でも，「位相がそろう」と表現している．

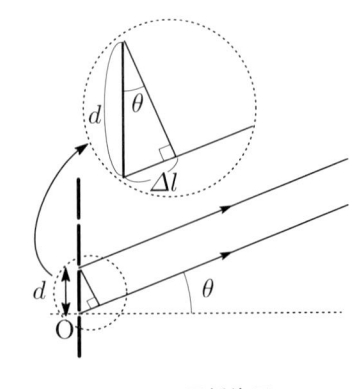

図 9-6 回折格子

$$k\Delta l = k(d\sin\theta) = 2\pi m$$
$$\longrightarrow d\sin\theta = m\lambda \quad (m = 1, 2, 3, \cdots) \tag{9.17}$$

を満たすときである．この条件を**回折条件**というが，これを満たす強度の特に大きな極大を，m 次の**主極大**という[13]．

■ **回折格子による分光** 回折格子による主極大を与える回折角 θ は光の波長 λ によるので，回折格子を用いて，式 (9.17) により，光の波長を決定することができる．また，太陽光のように，多くの単色光を含んでいる光を単色光に分ける光学機器を**分光器**という．光の波長の違いによる屈折率の違いを利用したプリズムによる分光器はよく知られているが，回折格子もまた，波長の違いによって主極大の回折角が違うことを利用して，分光器として用いることができる．

[13] $|\sin\theta| < 1$ であるから，主極大が通常な角度で観測されるためには，式 (9.17) から d が λ の程度で，やや大きいことが必要なことがわかる．

例題 9.4 光波の回折格子による回折実験を行った．光の波長は 6.0×10^{-7} m であり，回折格子の格子定数は 2.0×10^{-6} m である．1 次の主極大の回折角を θ とすると，$\sin\theta$ はいくらか．

例題略解

例題 9.1 $\phi' = kx + \phi$ として，三角関数の性質を用いると，求める時間平均値は $\dfrac{1}{T}\displaystyle\int_0^T \sin^2(-\omega t + \phi')dt = \dfrac{1}{2T}\displaystyle\int_0^T \{\cos 2(-\omega t + \phi') + 1\}dt$ であり，括弧内の第 1 項の積分は $\dfrac{1}{2T}\dfrac{1}{(-2\omega)}[\sin 2(-\omega t + \phi')]_0^T = 0$ である．第 2 項は定数であるから，$\dfrac{1}{T}\displaystyle\int_0^T \sin^2(-\omega t + \phi')dt = \dfrac{1}{2}$ であり，式 (9.2) が導かれる．

例題 9.2 干渉縞間隔を Δx とすると，$\Delta x = L\lambda/d$ である．したがって，$\lambda = (\Delta x)d/L = (2.0 \times 10^{-3}) \times (0.6 \times 10^{-3})/2.4 = 0.5 \times 10^{-6}$ m $= 500$ nm

例題 9.3 音波の波長は，$\lambda = v/\nu = (3.3 \times 10^2)/(6.0 \times 10^3) = 5.5 \times 10^{-2}$ m．音の強度の極大間の間隔は $\Delta x = L\lambda/d = 2.0 \times (5.5 \times 10^{-2})/(5.0 \times 10^{-1}) = 2.2 \times 10^{-1}$ m.

例題 9.4 $m = 1$ として，$\sin\theta = \dfrac{\lambda}{d} = \dfrac{6.0 \times 10^{-7}}{2.0 \times 10^{-6}} = 3.0 \times 10^{-1}$.

章末問題

問題 9.1 $\xi_1 = A_1 \sin(kx - \omega t + \phi_1)$, $\xi_2 = A_2 \sin(kx - \omega t + \phi_2)$ とすると，本文中の式 (9.7): $\overline{2\xi_1\xi_2} = A_1 A_2 \cos(\phi_1 - \phi_2)$ が成立することを確かめよ．

問題 9.2 同位相で単振動する 2 つの波源からの水面波の干渉条件を調べよ．水面波の波長を λ とし，2 つの波源の間隔を 5λ とすると，2 つの波源を結ぶ線分の間に，波が打ち消し合って振動しない位置は，いくつあるか．水面波の伝播による減衰は考えないとする．

第10章　いろいろな波動

　これまで1次元の波動として，おもに正弦波を取り扱ってきた．正弦波は，波形が正弦関数で与えられ，無限につながり進行する理想化された波である．しかし，現実には**周期的な波動**でも，波形が正弦波とは違う波動があり，また，進行しない波である**定常波**や，限られた範囲にしか存在しない波である**波束**など，いろいろな波動がある．この章では，それらの波動について学ぼう．

10.1　いろいろな波形の周期的な波動

■ **周期的な波動**　x軸上を正の向きに波形を変えないで速さvで進む波の波動関数は，一般に

$$\xi = \xi(x,t) = f(x - vt) \tag{10.1}$$

で与えられる．関数$f = f(x)$は，波形を表す**波形関数**である（図5-4参照）．波形関数$f = f(x)$はどのような関数でも，それぞれ波動を表現するが，特に，正弦波と同じように周期的な波動を考えてみよう．周期的な波動の代表例は図10-1のようなものがある．

■ **周期的な波動の波形関数**　一般の周期的な波動と，特別な周期的波動である正弦波との関係はどのようなものであろうか．第4章のフーリエ級数展開では，任意の周期関数がsin関数と，cos関数を用いて級数展開されることを学んだ．周期的な波の空間的周期つまり波長をλとすると，フーリエ級数展開を用いて，波形関数$f(x)$を

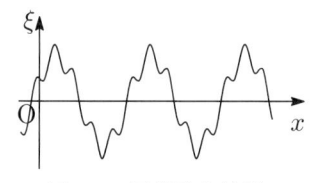

図10-1　周期的な波動

$$\begin{aligned}f(x) &= \frac{a_0}{2} + \sum_{n=1}^{\infty}\{a_n\cos(\frac{2\pi n}{\lambda}x) + b_n\sin(\frac{2\pi n}{\lambda}x)\} \\ &= \frac{a_0}{2} + \sum_{n=1}^{\infty}\{a_n\cos(k_n x) + b_n\sin(k_n x)\} \quad (k_n \equiv \frac{2\pi n}{\lambda}) \\ &= \frac{a_0}{2} + \sum_{n=1}^{\infty} A_n\sin(k_n x + \phi_n)\end{aligned} \tag{10.2}$$

と表すことができる．

例題 10.1 式 (10.2) の最終式の A_n, ϕ_n は

$$A_n = \sqrt{a_n^2 + b_n^2}, \qquad \tan\phi_n = \frac{a_n}{b_n} \tag{10.3}$$

で与えられる．三角関数の加法定理を用いて，これを確かめよ．

■ **周期的な波動の波動関数** 波形関数 (10.2) と波動関数 (10.1) から，周期的な波動の波動関数は

$$\begin{aligned}\xi &= \xi(x,t) = f(x-vt) \\ &= \frac{a_0}{2} + \sum_{n=1}^{\infty} A_n \sin\{k_n(x-vt)+\phi_n\} \\ &= \frac{a_0}{2} + \sum_{n=1}^{\infty} A_n \sin(k_n x - \omega_n t + \phi_n) \qquad (\omega_n \equiv k_n v)\end{aligned} \tag{10.4}$$

と表すことができる．さらに

$$\xi_0 \equiv \frac{a_0}{2}, \tag{10.5}$$

$$\xi_n(x,t) \equiv A_n \sin(k_n x - \omega_n t + \phi_n) \qquad (n = 1,2,3,\cdots) \tag{10.6}$$

と定義すれば

$$\xi = \xi(x,t) = \xi_0 + \sum_{n=1}^{\infty} \xi_n(x,t) \tag{10.7}$$

と表すことができる．式 (10.6) で定義した波動関数 $\xi_n(x,t)$ は，振幅 A_n，位相定数 ϕ_n，波数 k_n，角振動数 ω_n の正弦波の波動関数である．また，あらためて波数 k_n，角振動数 ω_n の定義式をまとめると

$$k_n \equiv \frac{2\pi n}{\lambda} = k_1 n, \qquad \omega_n \equiv k_n v = \omega_1 n \qquad (n = 1,2,3,\cdots) \tag{10.8}$$

である．k_1 と ω_1 は，周期的波動の**基本波数**，**基本角振動数**と呼ばれ，

$$k_1 = \frac{2\pi}{\lambda}, \qquad \omega_1 = k_1 v \tag{10.9}$$

である．そして，ここで得られた数学的な関係式 (10.4) の物理的な意味は，「任意の周期的な波動は，基本角振動数の整数倍の角振動数をもつ，複数の正弦波の重ね合わせによって作られている」ということである．図 10-2 に 1 つの例として，正弦波 ξ_1 と，波数が 2 倍の同じ振幅の正弦波 ξ_2 の重ね合わせによって作られる周期的な波動 $\xi = \xi_1 + \xi_2$ の波形を示す．

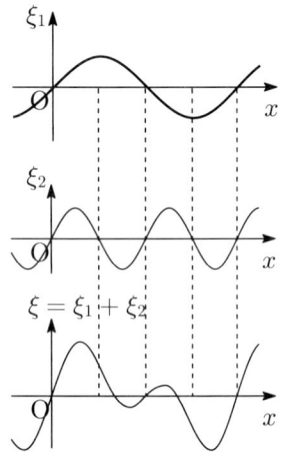

図 10-2 周期的波動の例

10.2 定常波

■ **定常波** 直線上を逆に進む2つの正弦波の合成波として，進行しない波が生ずる．図10-3のように，振幅A，波数k，角振動数ωが等しいx軸上を互いに

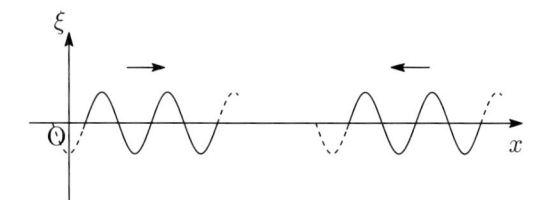

図 10-3 逆向きに進む2つの正弦波

逆向きに進む2つの正弦波がある．それぞれの波動関数を

$$\xi_1 = A\sin(kx - \omega t), \qquad \xi_2 = A\sin(kx + \omega t) \qquad (10.10)$$

と表すと，2つの正弦波の重ね合わせによって生じる合成波の波動関数は

$$\begin{aligned}\xi &= \xi_1 + \xi_2 = A\sin(kx - \omega t) + A\sin(kx + \omega t) \\ &= 2A\sin(kx)\cos(\omega t) = 2A\sin(kx)\sin(\omega t + \frac{\pi}{2})\end{aligned} \qquad (10.11)$$

である．ここで，三角関数の加法定理を用いて，式の変形を行った．この合成波の波動関数は，変数xと，変数tが分離しており，進行波の波動関数の形$f(x \mp vt)$をしておらず，次に議論するように，この波は進まない波である．しかし，これは同一の波動方程式を満たす2つの波の重ね合わせで作られた合成波であるから，この波動関数は波動方程式の解であることは間違いない．このような波でありながら進行しない波を**定常波**[1]，または，**定在波**という．

1) 「定常」という用語は，時間的に変化がないわけではないが，その対象のある量に着目すると，時間的に変化がない場合に使われる．例えば，電流の直流は，電荷の時間的な移動は起こっているが，電流量は時間的に一定であり，定常電流とも呼ばれる．定常波は，媒質は時間的に振動しているが，波の位置は変化しないため，このように呼ぶ．

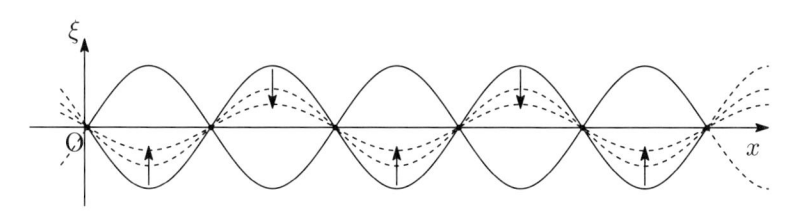

図 10-4 定常波

■ **定常波の節と腹** 定常波(10.11)の時間的変化を表すと，図10-4のようになり，それぞれの位置の媒質は，関数$\cos(\omega t) = \sin(\omega t + \frac{\pi}{2})$に従い単振動するが，振幅は関数$\sin(kx)$に従い，この波は移動しない．定常波には，媒質の変位がいつも0となり振動しない位置がある．これを定常波の**節**と呼ぶ．また，媒質が一番大きく振動する位置がある．これを定常波の**腹**と呼ぶ．位置xでの媒質が単振動する振幅は，$|2A\sin(kx)|$であるから，nを整数として，位置xが

$$kx = n\pi \longrightarrow x = \frac{n\pi}{k} = n\frac{\lambda}{2} \qquad (n = 0, \pm 1, \pm 2, \cdots) \qquad (10.12)$$

を満たすところでは，いつも振幅が 0 となる．この位置が定常波の節である．また，位置 x が

$$kx = \left(n + \frac{1}{2}\right)\pi$$
$$\longrightarrow \quad x = \left(n + \frac{1}{2}\right)\frac{\pi}{k} = \left(n + \frac{1}{2}\right)\frac{\lambda}{2} \qquad (n = 0, \pm 1, \pm 2, \cdots) \qquad (10.13)$$

を満たすところでは，振幅が最大値 $2A$ となる．この位置が定常波の腹である．節と節，腹と腹の間隔は，2 分の 1 波長であり，節と腹の間隔は 4 分の 1 波長である．

例題 10.2 式 (10.11) を三角関数の加法定理を用いて証明せよ．

10.3 弦の固有振動

■ **弦に生じる定常波** 両端を固定された弦の一部を振動させると，最終的に定常波が形成される．これは，弦の一部の振動が波として伝わると，固定端で反射が起き，弦の双方向に進む進行波がいつも存在することになり，それ

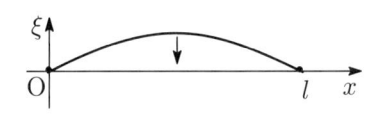

図 10-5 弦に生じる定常波

らが重ね合わさり，定常波が形成されるからである．この定常波の様子を，弦が振動していると言い表すことができる．以下，両端が固定された弦にどのような定常波が作られるのか，どのような振動が生じるか考えてみよう．

■ **波動方程式と境界条件** 図 10-5 のように，弦の上に x 軸を定め，弦の長さを l とし，弦の左端点を x 軸の原点とする．また，弦の線密度を σ，張力を τ とする．すでに 6.1.2 項で学んだように，弦に生じる波動を表す波動関数を

$$\xi = \xi(x, t) \qquad (10.14)$$

とすると，これは弦を伝わる波動の波動方程式

$$\frac{\partial^2 \xi}{\partial t^2} = v^2 \frac{\partial^2 \xi}{\partial x^2} \qquad \left(v = \sqrt{\frac{\tau}{\sigma}}\right) \qquad (10.15)$$

を満たす．弦の両端が固定されていることを表す条件は

$$\xi(0, t) = \xi(l, t) = 0 \qquad (10.16)$$

であるが，これを**境界条件**という．両端を固定された弦の波動関数は，境界条件 (10.16) を満たす波動方程式 (10.15) の解でなければならない．こ

10.3. 弦の固有振動

のような問題設定に従い，弦に生じる波動を調べることもできるが，次に，定常波ができることは予想されるため，それを前提として話を進める．

■ **弦に生じる定常波と境界条件** 10.2 節で互いに逆向きに進む 2 つの正弦波

$$\xi_1 = A\sin(kx - \omega t), \qquad \xi_2 = A\sin(kx + \omega t) \tag{10.17}$$

を合成すると，定常波

$$\xi = \xi(x,t) = \xi_1 + \xi_2 = 2A\sin(kx)\cos(\omega t) \tag{10.18}$$

が形成されることを学んだ．前述したように，この 2 つの正弦波は，弦を伝わる正弦波とその端点での反射波と見ることができ，これらの重ね合わせによって弦に定常波が形成されることを意味する．波動関数 (10.18) は，一方の端点である原点 $x = 0$ では，境界条件 $\xi(0,t) = 0$ をすでに満足している．また，他方の端点 $x = l$ では，境界条件 $\xi(l,t) = 0$ を満たさなければならないが，これは，弦のもう 1 つの端点が，この定常波の節の位置でなければならないことを意味する．節の位置は式 (10.12) であるから，弦の他方の固定端 $x = l$ が，この式 (10.12) を満足しなければならない．$l > 0$ であるから，n を正の整数として条件

$$l = \frac{n\pi}{k} = n\frac{\lambda}{2} \qquad (n = 1, 2, 3, \cdots) \tag{10.19}$$

を満たさなければならない．この関係式 (10.19) は，形成される定常波の波数 k および波長 λ が，正の整数 n で特徴づけられる離散的な特定の値

$$k_n = \frac{n\pi}{l}, \qquad \lambda_n = \frac{2\pi}{k_n} = \frac{2l}{n} \qquad (n = 1, 2, 3, \cdots) \tag{10.20}$$

のみをとることを示している．図 10-6 のように，弦には正の整数 n に対応した特定の波長の定常波しか生じない．それぞれに対応する角振動数 ω_n は

$$\omega_n = k_n v \qquad (n = 1, 2, 3, \cdots) \tag{10.21}$$

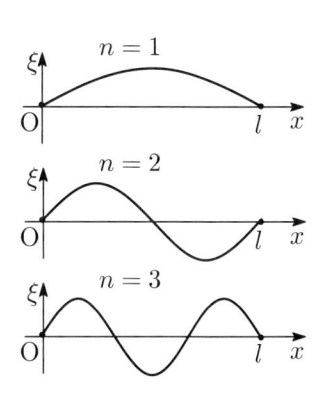

図 10-6 弦の固有振動

で定まる．以上から，弦に生ずる定常波の角振動数 ω_n と振動数 $\nu_n = \dfrac{\omega_n}{2\pi}$ は，弦の長さ l と，弦を伝わる波の位相速度 v と，正の整数 n によって決まる．また，式 (10.15) より，位相速度 v は，弦の線密度 σ と張力 τ で決定される．以上より

$$\omega_n = k_n v = \frac{n\pi}{l}\sqrt{\frac{\tau}{\sigma}}, \tag{10.22}$$

$$\nu_n = \frac{\omega_n}{2\pi} = \frac{n}{2l}\sqrt{\frac{\tau}{\sigma}} \qquad (n = 1, 2, 3, \cdots) \tag{10.23}$$

である．

■ **弦の固有振動** このように両端を固定された弦に生じる定常波は，境界条件を満たさなければならないことから，正の整数 n で特徴づけられる特定の離散的な振動数の振動しか持続的に存在しないことがわかる．このような弦の振動を**弦の固有振動**といい，$n=1$ の場合を**基本振動**，$n=2$ の場合を **2 倍振動**といい，一般に **n 倍振動**という．式 (10.22) と式 (10.23) で示した ω_n, ν_n をそれぞれ弦の**固有角振動数**，**固有振動数**という．弦に生ずる n 倍振動に対応する定常波の波動関数は

$$\xi_n = \xi_n(x,t) = A_n \sin(k_n x) \sin(\omega_n t + \phi_n) \quad (n=1,2,3,\cdots) \quad (10.24)$$

となる[2]．

2) 10.2 節では，省略していたが，定常波の解は，任意の位相定数 ϕ_n を含んでいてもよい．

■ **弦の一般の振動** 弦にはいろいろな固有振動数の定常波が同時に生じることがある．波の重ね合わせの原理から，これらの合成波は

$$\xi = \xi(x,t) = \sum_{n=1}^{\infty} \xi_n(x,t) = \sum_{n=1}^{\infty} A_n \sin(k_n x) \sin(\omega_n t + \phi_n) \quad (10.25)$$

なる波動関数で表される．間違いなく，この波動関数も，波動方程式と境界条件を満足し，両端を固定された弦に生じるいろいろな振動を表している．このように，基本振動が同じであっても，どの倍振動がどの程度生じるかによって，弦の振動の波形が異なる．

■ **弦の出す音の高さ，大きさ，音色** 弦の振動が音波として周りの空気中に放出され，我々がこれを音として聞くときには，基本振動数の違いを**音の高さ**の違いとして，弦の振幅の違いを**音の大きさ**の違いとして感じるが，倍振動の加わり方による波形の違いは，**音の音色**の違いとして感じる．弦楽器は，長さや線密度の違う弦を組み合わせ，その弦の張力を調節していろいろな振動数の音を生み出している．弦楽器ごとに，その出す音には特有な音色があり，演奏者の弦の弾き方で，音の大きさが変わる．

例題 10.3 長さ $5.0\,\mathrm{m}$ で線密度 $4.0 \times 10^{-3}\,\mathrm{kg/m}$ の弦を張力 $1.0 \times 10^3\,\mathrm{N}$ で張って，振動させたときの基本振動数 ν_1 はいくらか．

10.4 気柱の固有振動

■ **気柱の振動** 空気を媒質として音波が伝わる．管の中に閉じ込めた空気でできた**気柱**に定常波を発生させて，気柱に生じた振動を周りの空気中に音波として放出することができる．管楽器は基本的にはこのようなものである．

■ **閉管の固有振動** 図 10-7 のように，一端は開いているが，他端は閉じた管を**閉管**という．管の長さを l とする．閉管の中の気柱に生じる定常波は，図 10-7 のようになる．管の閉じた部分が気柱の固定端，つまり節となり，

管の開いた部分が気柱の自由端，つまり腹となる[3]．したがって，閉管に生じる定常波の4分の1波長 $\frac{\lambda}{4}$ の奇数倍が，管の長さ l に等しいことが求められる．つまり，正の整数 n を用いて

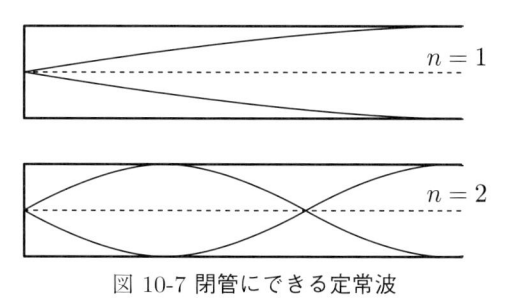

図 10-7 閉管にできる定常波

3) 定常波の腹は，正確には開口端より少し外にできる．それを考慮して，本来は開口端補正を行うのであるが，ここではそれを無視する近似を行っている．次の開管の場合も同様である．

$$l = (2n-1)\frac{\lambda}{4} \quad (n = 1, 2, 3, \cdots) \tag{10.26}$$

が成立しなければならない．気柱に生じる定常波の波長は，正の整数 n によって特徴づけられる離散的な特定の値

$$\lambda_n = \frac{4}{2n-1}l \quad (n = 1, 2, 3, \cdots) \tag{10.27}$$

のみをとる．正の整数 n は，気柱全体にできる定常波の節の数を表す．固有振動数 ν_n は，音速[4] を v として

4) 音速 v は，11.1.1 節で後述するように，空気の温度が決まれば定まる．

$$\nu_n = \frac{v}{\lambda_n} = \frac{2n-1}{4}\frac{v}{l} \quad (n = 1, 2, 3, \cdots) \tag{10.28}$$

となる．このように，固有振動数 ν_n を決めるのは，管の長さ l と音速 v と正の整数 n である．

例題 10.4 長さ 5.0×10^{-1} m の閉管に生じる基本振動数 ν_1 はいくらか．音速は 340 m/s とする．

■ **開管の固有振動** 図 10-8 のように，両端が開いた管を**開管**という．これについても閉管と同様に考えられる．図 10-8 から明らかなように，開管に生じる定常波は，開管の両端で腹になる．したがって，閉管に生じる定常波の4分の1波長 $\frac{\lambda}{4}$ の偶数倍が，管の長さ l に等しいことが求められる．つまり，正の整数 n を用いて

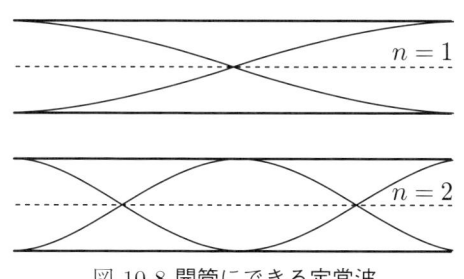

図 10-8 開管にできる定常波

$$l = (2n)\frac{\lambda}{4} = n\frac{\lambda}{2} \quad (n = 1, 2, 3, \cdots) \tag{10.29}$$

が成立しなければならない．したがって，波長は，正の整数によって特徴づけられる離散的な特定の値

$$\lambda_n = \frac{2l}{n} \quad (n = 1, 2, 3, \cdots) \tag{10.30}$$

のみをとる．したがって，固有振動数は

$$\nu_n = \frac{v}{\lambda_n} = \frac{n}{2}\frac{v}{l} \qquad (n = 1, 2, 3, \cdots) \tag{10.31}$$

となる．開管の場合も，正の整数 n は，気柱全体にできる定常波の節の数を表す．閉管，開管のいずれの場合も，管の長さ l を変えることによって，発生する振動の振動数を変えることができる．管楽器はこのようにして音の高さを変えて演奏するようになっている．また，弦楽器と同じように，基本振動以外の倍振動の加わり方によって，管楽器ごとに特有の音色が決まってくる．

例題 10.5 例題 10.4 を開管の場合に解け．

10.5 波束

■ **波束** これまで，正弦波を中心的に取り上げてきた．正弦波は，振動数や波数がはっきり定まった波として波動を分析する際の基本の波動である．しかし，正弦波は，無限に同じ波形のまま進行する波を表していて，現実には存在しない理想化された波である．現実の波は，多かれ少なかれ，図 10-9 のように，空間のある範囲内だけに存在し，無限に続くものではない．この講義を行っているとき我々が利用している波である音波，光波も実際はまさにそのような波である．このような，空間のある範囲内において媒質が振動し，それが伝わる波動，**局所的な波**を**波束**と呼ぶ．

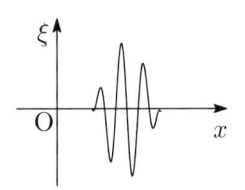

図 10-9 **波束**

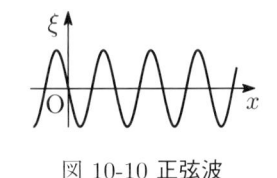

図 10-10 **正弦波**

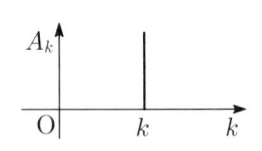

図 10-11 **正弦波の波数**

■ **無数の正弦波の重ね合わせとしての波束** 図 10-10 のように，無限に拡がる正弦波は，波数が特定の値 k のみを持つ波[5]である．波数が k のときの正弦波の振幅を A_k と表すと，正弦波を図 10-11 のように，波数が特定の値 k のときの振幅 A_k のみが 0 でない値をとり，それ以外は 0 である場合の波であると表現することができる．これに対し，波数が，図 10-12 のように，ある特定の中心値 k の周りの連続的な値をとり，その振幅 A_k が，分布している場合を考えることができる．この場合の無数の微小な正弦波を合成すると，実は局所的な波をつくることができる．局所的な波を波束と呼ぶのは，微小な無数の正弦波の束とみなすことができるからである．

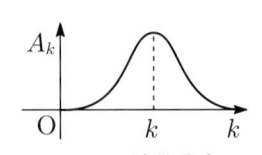

[5] 式 (5.6) から，$\omega = kv$ であり，波数 k の特定の値に応じて角振動数 ω も特定の値になっている．

図 10-12 **波数分布**

■ 無数の無限に続く正弦波の合成によって，局所的な波が実現するということは，不思議に思えるが，数学的には，**フーリエ積分**という概念によって理解することができる．しかし，ここではフー

リエ積分を使いこなすことはできないので，波数がわずかに違う 2 つの正弦波を合成するとどのようになるかを調べて，その様子を垣間見ることにする．波数と角振動数が中心の値 k, ω から，わずかに違う波数 $k+\Delta k$, 角振動数 $\omega+\Delta\omega$ の正弦波 ξ_1 と波数 $k-\Delta k$, 角振動数 $\omega-\Delta\omega$ の正弦波 ξ_2 を考える．振幅がともに同じで位相定数が 0 の x の正方向に進む 2 つの正弦波の波動関数は

$$\xi_1 = A\sin\{(k+\Delta k)x - (\omega+\Delta\omega)t\}, \tag{10.32}$$

$$\xi_2 = A\sin\{(k-\Delta k)x - (\omega-\Delta\omega)t\} \tag{10.33}$$

と表すことができる [6]．重ね合わせの原理より，合成波の波動関数は

$$\begin{aligned}\xi &= \xi_1 + \xi_2 \\ &= A\,[\sin\{(kx-\omega t) + (\Delta k\cdot x - \Delta\omega\cdot t)\} \\ &\quad + \sin\{(kx-\omega t) - (\Delta k\cdot x - \Delta\omega\cdot t)\}]\end{aligned} \tag{10.34}$$

となるが，これを三角関数の加法定理を用いて変形すると

$$\xi = 2A\cos(\Delta k\cdot x - \Delta\omega\cdot t)\sin(kx-\omega t) \tag{10.35}$$

となる．

[6] $\omega=kv$ の関係があるため，Δk, $\Delta\omega$ は同符号である．

■ 式 (10.35) は 2 つの異なる波数を持つ合成波である．図 10-13 に，具体的に 2 つの波数 $k=k-\Delta k, k+\Delta k$ の波数分布を示す．これらの波数を持つ正弦波の合成波 (10.35) の様子をグラフに表すと図 10-14 のようになる．ここで，波数のずれと振動数のずれが，それぞれ $\Delta k\ll k$, $\Delta\omega\ll\omega$ であるから，振幅がゆっくり変わる関数 $2A\cos(\Delta k\cdot x - \Delta\omega\cdot t)$ で表される正弦波と見ることができる．そして，振幅が 0 となる位置から，次に 0 となる位置までの間に，1 つの波のブロックが作られている．ここでは，波数と角振動数がわずかに違う 2 つの正弦波を合成しただけであるが，さらに多くの正弦波を合成していくと，1 つのブロックの振幅も違ってきて 1 箇所の局所的な波のブロックのみが，生き残っていくことを予想することができる．図 10-15 は，波数 $k=k-\Delta k, k, k+\Delta k$ となる 3 つの波数分布を示し，これらの波数を持つ正弦波の合成波の様子を図 10-16 に示す．図 10-12 のように，波数 k が連続的に分布する場合は，無数の微小な正弦波の合成波として，図 10-9 のような波束を構成することができる．

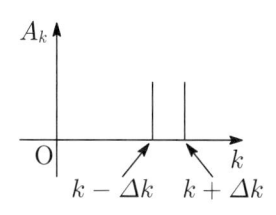

図 10-13 2 つの波数

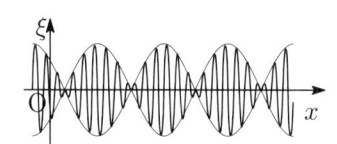

図 10-14 2 つの波数の波による合成波

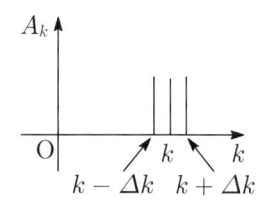

図 10-15 3 つの波数

図 10-16 3 つの波数の波による合成波

課題 10-1 三角関数の加法定理を用いて，式 (10.35) を導け．

■ **群速度** 正弦波の速度 v は，同一位相点の移動速度であり，これを強調するときは，**位相速度**と呼び，記号 v_ϕ で表す．すでに調べたように，位相速度 v_ϕ は，波数 k, 角振動数 ω を用いて

$$v_\phi = \frac{\omega}{k} \tag{10.36}$$

で与えられる．一方，波束の移動は，振幅の最大点の移動速度として観測される．この移動速度を，波束の**群速度**と呼び，記号 v_g で表す．式 (10.35) から，時刻 t に位置 x が，振幅の最大点であるとすると

$$\cos(\Delta k \cdot x - \Delta\omega \cdot t) = 1 \tag{10.37}$$

なる関係を満たす．そのうち，

$$(\Delta k)x - (\Delta\omega)t = 0 \longrightarrow x = \frac{\Delta\omega}{\Delta k}t \tag{10.38}$$

を満たすものを代表としてとる[7]．これより，振幅の最大点の位置の移動速度，つまり群速度は

$$v_g = \frac{dx}{dt} = \frac{\Delta\omega}{\Delta k} \tag{10.39}$$

で与えられる．実際の波束は，波数 k が（したがって，角振動数 ω が）連続的に分布する正弦波の合成によって構成されているため，式 (10.39) の極限移行の式

$$v_g = \frac{d\omega}{dk} \tag{10.40}$$

により，波束の群速度が求められることがわかる．

■ **群速度と位相速度の関係** 弦を伝わる横波のように，波動方程式 (6.5) を満たす場合は，位相速度 $v_\phi = v$ が定数であり

$$\omega = v_\phi k \qquad (v_\phi = \text{一定}) \tag{10.41}$$

であるから，

$$v_g = \frac{d\omega}{dk} = v_\phi \tag{10.42}$$

となり，群速度と位相速度は等しい．しかし，複雑な内部構造を持つ媒質中を伝わる波では，位相速度は一定ではなく，波動の波数によって変わることがある．例えば，透明な物質中を伝播する光波などがそうである[8]．これを

$$v_\phi = v_\phi(k) \tag{10.43}$$

と表すと，この場合の群速度は

$$v_g = \frac{d\omega}{dk} = \frac{d}{dk}(v_\phi k) = v_\phi + \frac{dv_\phi}{dk}k \tag{10.44}$$

となる．したがって，一般に群速度と位相速度の大小関係は

$$\frac{dv_\phi}{dk} \gtreqless 0 \longrightarrow v_g \gtreqless v_\phi \tag{10.45}$$

となる[9]．

---

[7] 一般に最大振幅点の位置 x と時刻 t の間には，n を整数として $(\Delta k)x - (\Delta\omega)t = 2n\pi$ なる関係がある．

[8] この場合の波動方程式は，前述の波動方程式より複雑な方程式になっており，そのためにこのようなことが起こる．

[9] $a \gtreqless b \longrightarrow c \gtreqless d$ は，$a > b$ の場合に $c > d$，$a = b$ の場合に $c = d$，$a < b$ の場合に $c < d$ を意味する．

課題 10-2 分散関係 (10.43) を，波数 k の代わりに波長 λ で表して

$$v_\phi = v_\phi(\lambda) \tag{10.46}$$

としたときには，群速度と位相速度の関係 (10.44) は

$$v_g = v_\phi - \frac{dv_\phi}{d\lambda}\lambda \tag{10.47}$$

となる．これを導け[10]．

[10] 実用上は，式 (10.44) よりも，式 (10.47) の方が，広く使われ一般的である．

■ **分散現象と分散関係** 式 (10.43) のように，位相速度 v_ϕ が定数ではなく波数 k の関数であるとき，その媒質を伝わる波動は**分散**があるといい，式 (10.43) を**分散関係**という．図 10-17 のように，太陽光のような**白色光**がプリズムで波長の違う**単色光**に分けられ，人間はそれぞれ色の違う光として観測する[11]．もともとこれを光の分散というが，分散が起こる理由は光の波長により屈折率が違うことにある．前に学んだように媒質の境界面での**屈折率**は，位相速度の比によって決まる[12]．したがって，透明物質中を伝播する光波は，波数 k，波長 λ によって，位相速度 v_ϕ が異なるのである．このため位相速度が定数でないときに，一般に分散という用語が用いられるのである．可視光領域では，透明物質中の光波の群速度 v_g は，位相速度 v_ϕ より小さいが，このようなときの分散を**正常分散**という．

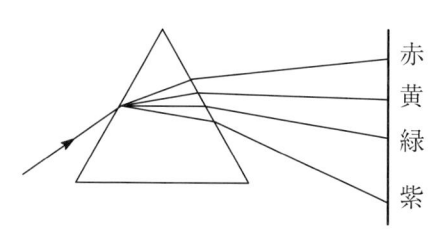

図 10-17 プリズムによる光の分散

[11] 11.2.1 項で，白色光と単色光という名称の持つ意味について触れる．

[12] 相対屈折率を定める式 (7.37) 中で，波の速度を v と表していたのは，正確には位相速度であるから，v_ϕ を用いて，相対屈折率は $n_{12} = v_{\phi 1}/v_{\phi 2}$ で与えられる．

例題略解

例題 10.1 $A_n \sin(k_n x + \phi_n) = A_n \sin\phi_n \cos(k_n x) + A_n \cos\phi_n \sin(k_n x)$ であるから，$A_n \sin\phi_n = a_n$, $A_n \cos\phi_n = b_n$ が成立すればよい．これより，A_n, $\tan\phi_n$ を求めれば，式 (10.3) が得られる．

例題 10.2 $\xi = \xi_1 + \xi_2 = A\sin(kx - \omega t) + A\sin(kx + \omega t)$
$= A\{\sin(kx)\cos(\omega t) - \cos(kx)\sin(\omega t)\}$
$\quad + A\{\sin(kx)\cos(\omega t) + \cos(kx)\sin(\omega t)\}$
$= 2A\sin(kx)\cos(\omega t)$.

例題 10.3 この弦を伝わる横波の速さは $v = \sqrt{\frac{\tau}{\sigma}} = \sqrt{\frac{1.0 \times 10^3}{4.0 \times 10^{-3}}} = 5.0 \times 10^2$ m/s．したがって，$\nu_1 = v/2l = (5.0 \times 10^2)/(2 \times 5.0) = 5.0 \times 10$ Hz

例題 10.4 閉管中の気柱の基本振動の波長は $\lambda_1 = 4l$ であるから，基本振動数は $\nu_1 = v/\lambda_1 = v/4l = (3.4 \times 10^2)/(4 \times (5.0 \times 10^{-1})) = 1.7 \times 10^2$ Hz

例題 10.5 開管中の気柱の基本振動の波長は $\lambda_1 = 2l$ であるから，基本振動数は $\nu_1 = v/\lambda_1 = v/2l = (3.4 \times 10^2)/(2 \times (5.0 \times 10^{-1})) = 3.4 \times 10^2$ Hz

章末問題

問題 10.1 式 (10.11) を，波動関数の複素指数関数表示を用いて導け．

問題 10.2 線密度 6.0×10^{-3} kg/m で，長さ 2.0 m の弦がある．この基本振動数が 5.0×10^2 Hz であるようにするには張力はどれだけにすればよいか．

問題 10.3 可視光は透明物質中で正常分散を示す．このことは，波長の長い可視光の方が屈折率が小さいことに対応する．それはなぜか考えよ．

第11章 音波と光波

11.1 音波

11.1.1 音波と音速

■ **音波** 空気などを伝わる**音波**は，これまでも話題にしてきたが，ここで，音波はどのような波であるか改めて学習しよう．前に，弦を伝わる横波を学んだ．しかし，気体は，隣り合う媒質間でずれを妨げようとする力（ずれの弾性応力）が働き合わないため，横波は起こらない．しかし，互いに押し合う力（圧縮に対する弾性応力）は働き合うため，縦波が起こる．図 11-1 のように，媒質の一部が変位すると，隣接する媒質の密度変化を引き起こし，それにより圧力変化が引き起こされる．その結果生じる圧力差が，媒質の変位を元に戻そうとする力になり，これにより媒質の振動が引き起こされ，次々に伝わっていく．

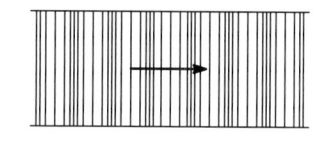

図 11-1 疎密波

したがって，音波は，媒質の振動の方向と波の進行方向が一致する**縦波**であり，また，密度変化が次々と伝わるという意味で**疎密波**とも呼ばれる．空気などの気体に限らず，水のような液体でも，弾性棒のような固体でも，圧縮に対する弾性応力が存在するので，いずれの媒質でも音波（弾性縦波）が生じる．

■ **音波の波動方程式** 簡単のため，断面積一定の気柱を伝わる縦波を考えると，空気中の音波の波動方程式は，すでに学んだ弾性棒を伝わる縦波と同じタイプの波動方程式となる．空気の微小部分の（波の進行方向の）変位を，同様に ξ と表し，波動関数を

$$\xi = \xi(x, t) \tag{11.1}$$

とすると，音波の波動方程式は

$$\frac{\partial^2 \xi}{\partial t^2} = v^2 \frac{\partial^2 \xi}{\partial x^2} \tag{11.2}$$

となる．空気の微小部分の運動方程式が，この方程式を決定しているため，圧力差 Δp が，体積変化 ΔV とどのように関わるかが，波の速度を決定する要因である．この 2 つの量の間には，

$$\Delta p = -K \frac{\Delta V}{V} \tag{11.3}$$

となる関係がある．ここで，比例定数 K は**体積弾性率**と呼ばれる．この体積弾性率 K が弾性棒の場合のヤング率 Y に相当している．それで，弾性棒を伝わる縦波の速度を表す式 (6.25) に対応して，音波の速度 v が，体積弾性率 K と空気の密度 ρ を用いて，

$$v = \sqrt{\frac{K}{\rho}} \tag{11.4}$$

と決まることがわかっている．この音速が，実際どのような値であるのか，特に，温度によってどのように変わるかを調べよう．

■ **音速と温度**　圧力 p，体積 V，温度 T，モル数 n の間に，**状態方程式**と呼ばれる関係式[1]

$$pV = nRT \quad (R：気体定数) \tag{11.5}$$

が成り立つ気体を**理想気体**という．実在の気体も，十分高温で希薄の場合には理想気体とみなすことができる．通常の条件では，空気を理想気体とみなすことができる[2]．音波が伝わるときの空気の微小部分の密度変化は非常に速く，周囲の部分との間の熱移動がない**断熱変化**と考えてよい．このとき，空気の圧力 p と体積 V の間には，次の**ポアッソンの式**[3] が成り立つ．

$$pV^\gamma = 一定 \quad \left(\gamma \equiv \frac{c_p}{c_V}\right) \tag{11.6}$$

定数 γ は**比熱比**と呼ばれ，c_V と c_p は，それぞれ空気の**定積モル比熱**と**定圧モル比熱**である[4]．式 (11.6) から，微分計算により

$$dp = -\gamma p \frac{dV}{V} \tag{11.7}$$

が導かれるので，式 (11.3) と比較すると，体積弾性率 K が

$$K = \gamma p \tag{11.8}$$

であることがわかる．したがって，音速 v は

$$v = \sqrt{\frac{K}{\rho}} = \sqrt{\gamma \frac{p}{\rho}} \tag{11.9}$$

で与えられる．密度の定義より $\rho \propto 1/V$ であり，さらに理想気体の状態方程式 (11.5) から，$pV \propto T$ であるため，$\frac{p}{\rho} \propto pV \propto T$ となる．したがって，空気中の音速 v は，温度 T のみの関数であり

$$v \propto \sqrt{T} \tag{11.10}$$

である．空気の標準状態のデータと空気の比熱比の値

$$p_0 = 1.013 \times 10^5 \,\mathrm{N/m^2}, \qquad \rho_0 = 1.293 \,\mathrm{kg/m^3} \tag{11.11}$$

$$T_0 = 273 \,\mathrm{K}, \qquad \gamma = 1.403 \tag{11.12}$$

---

1) この関係式の発見者の名を用いてボイル・シャルルの法則とも呼ばれる．

2) 温度は絶対温度で表されるため，常温でも十分に高温であり，かつ 1 気圧のもとでは十分希薄であるため，空気も理想気体とみなすことができるのである．

3) ポアッソン(1781-1840)：フランスの数学者，物理学者．

γ：ガンマ（小文字）

4) 定積モル比熱 c_V，定圧モル比熱 c_p は，したがって，比熱比 γ も気体の種類によって決まる定数である．

を用いると[5]，標準状態の音速 v_0 は

$$v_0 = \sqrt{\gamma \frac{p_0}{\rho_0}} = 331.5 \,\mathrm{m/s} \tag{11.13}$$

である．そして，温度 T における音速 v は

$$v = v_0 \sqrt{\frac{T}{T_0}} \tag{11.14}$$

となる．**摂氏温度** t と**絶対温度** T との換算式[6]

$$T = T_0 + t = 273 + t \tag{11.15}$$

を用いると，摂氏温度 $t\,°\mathrm{C}$ での空気中の音速は

$$\begin{aligned}v &= v_0 \left(1 + \frac{t}{273}\right)^{\frac{1}{2}} \\ &\approx 331.6 \times \left(1 + \frac{1}{2} \times \frac{t}{273}\right) \approx (331.5 + 0.6\,t)\,\mathrm{m/s}\end{aligned} \tag{11.16}$$

となり，実測値とよく一致している．ここで，$\left|\dfrac{t}{273}\right| \ll 1$ として近似式を用いた．

[5] 基準として用いられる正確な値は $T_0 = 273.15\,\mathrm{K}$ である．

[6] 摂氏温度の単位は °C，絶対温度の単位は K（ケルビン）である．

例題 11.1 摂氏温度 15°C のときの音速を求めよ．

■ **可聴領域と超音波** 人に聞こえる音の振動数（**可聴領域**）は，20 Hz から 20 kHz であるが，聞き取りやすい振動数は，500 から 4000 Hz である．一般に，振動数 20kHz を超える音波を**超音波**といい，コウモリやイルカなどの動物は，捕食や障害物回避に超音波を利用している．超音波は波長が短く指向性が高いために，位置の特定に向いている．逆に，振動数の低い音は聞こえないけれども，巨大な風車が回る風力発電のプロペラは，そのような低い振動数の音を発する．

■ **いろいろな媒質中の音波** 普通に音といえば，空気中を伝わる音波を想像するが，音波を縦波弾性波と考えれば，空気中に限らず，いろいろな媒質中を音波が伝わる．隣の部屋の音が聞こえてくるのは，壁を音波が伝わるからである．水の中でも音は伝わる．水中を伝わる超音波は，魚群探知機，胎児診断，内臓検査[7] に利用されている．地震波の縦波（P 波）は，地殻を伝わる波長の長い音波であるということができる．

[7] 人間の体の主成分は，水と考えてよい．

11.1.2 ドップラー効果と衝撃波

■ **ドップラー効果** 音波の場合，音源が移動しながら音波を出したり，観測者も運動しながら観測することがある．その場合には，音源が出す振動数とは異なる振動数として観測される．この現象を**ドップラー効果**[8] と呼ぶ．空気中の音速を v とし，振動数 ν の音を出す音源 S が速度 v_S で運動しているとする．このとき，図 11-2 のように，音源が 1 秒間に放出した ν 個の波が，音源の進行方向の距離 $v - v_\mathrm{S}$ の間に含まれることになる．したがって，この波の波長を λ' とすると

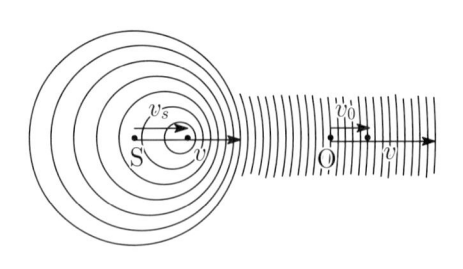

$$\lambda' \nu = v - v_\mathrm{S} \tag{11.17}$$

8) ドップラー(1803-1853): オーストリアの物理学者．

図 11-2 ドップラー効果

となる．また，図 11-2 のように，この波長 λ' の波を，同一方向に速度 v_O で進む観測者 O は，音波が観測者との相対速度 $v - v_\mathrm{O}$ で進むように観測するのであるから，1 秒間に観測する波の個数を ν' とすると，関係式

$$\lambda' \nu' = v - v_\mathrm{O} \tag{11.18}$$

が成り立つ．式 (11.17) と式 (11.18) から，

$$\nu' = \frac{v - v_\mathrm{O}}{v - v_\mathrm{S}} \nu \tag{11.19}$$

が得られる．この ν' が，観測者が観測する音の振動数である．音源や観測者の進む向きが逆の場合は，それぞれの速度の符号を逆にすれば，同様に観測される振動数 ν' が得られる．

例題 11.2 振動数 500 Hz の音を出す音源が，時速 40 km で近づき，その後に遠ざかった．このとき，静止している人に聞こえる音の振動数はそれぞれいくらか．音速は 340 m/s とする．

■ **音と光のドップラー効果** 音波によるドップラー効果は，救急車が近づくときと，遠ざかるときのピーポー音の高さが大きく違って聞こえることで，我々は日常的に経験している．しかし，この現象は音波に限らない．波源や観測者が媒質中を動いていれば，どのような波でも起こる．光波の場合は光速が非常に大きいため，普通では観測されない．宇宙の果ての星から地球に届く光の波長分析を行うと，波長がわずかに長くなり，振動数がわずかに小さくなっていることが観測される．この現象を**赤方偏移**という．これは，遠くの星が光速に比べて無視できないほどの非

常に大きな速さで遠ざかっていることによる光波のドップラー効果を示している．このことから，宇宙が膨張していることが結論づけられる．

■ **衝撃波** 音源が音速より速く運動しながら音波を出すと，図11-3のように，次々と放出された音波の波面が，重なり合い強め合って，円錐形の波面を形成する．これを**衝撃波**という．この名称は，ジェット機が音速の壁を超して飛ぶときに発生する衝撃音から名付けられた．しか

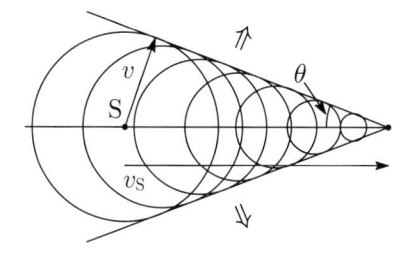

図11-3 衝撃波

し，音波だけではなく，船が静かな水面を進むときに発生する水面波にもこの現象を見ることができる．また，衝撃波と波源の進行方向とのなす角 θ は，波の進む速さ v と波源の進む速さ v_S を用いて，関係式

$$\sin\theta = \frac{v}{v_S} \tag{11.20}$$

で決定される．

例題 11.3 音速の2倍の速さでジェット機が飛ぶときには，衝撃波の角度はいくらか．

11.2 光波

11.2.1 電磁波

■ **電磁波** これまでも波動の具体的例として光波を取り扱ってきた．しかし，光波は，波動であっても波長がとても短いので，波動であるかどうか，その本質が解明されるまでには長い時間がかかった．すでに述べたように，実は力学を完成させたニュートンは，**光の粒子説**を唱え，粒子の力学的運動として，反射，屈折の法則を説明しようとした．その後，光の干渉現象を観測することによって，光が波動であることが確認された．さらに，ファラデー[9]とマックスウェル[10]により電磁気力の作用する空間を**電磁場**と考える電磁場の理論が確立された．そして，電磁場を媒質として，電磁場の振動が，空間を伝わる**電磁波**の存在が，理論的に予測された後，ヘルツによって実験的にも確認されることになった．そして，光波はある波長領域の電磁波であることもわかった．電磁波の波長領域による呼称を，表11-1にあげる．

[9] ファラデー(1791-1867):イギリスの物理学者．電磁気学の基礎理論を確立した．

[10] マックスウェル(1831-1879):イギリスの物理学者．マックスウェルの方程式を導いて電磁気学を確立した．

名　　称	波　　長	振動数
電　　波	$0.1\,\text{mm} \sim$	$\sim 3.0 \times 10^{12}\,\text{Hz}$
赤 外 線	$770\,\text{nm} \sim 0.1\,\text{mm}$	$3.0 \times 10^{12} \sim 3.9 \times 10^{14}\,\text{Hz}$
可視光線	$380 \sim 770\,\text{nm}$	$3.9 \times 10^{14} \sim 7.9 \times 10^{14}\,\text{Hz}$
紫 外 線	$0.1 \sim 380\,\text{nm}$	$7.9 \times 10^{14} \sim 3.0 \times 10^{18}\,\text{Hz}$
Ｘ　　線	$0.001 \sim 0.1\,\text{nm}$	$3.0 \times 10^{18} \sim 3.0 \times 10^{20}\,\text{Hz}$
ガンマ線	$\sim 0.001\,\text{nm}$	$3.0 \times 10^{20}\,\text{Hz} \sim$

表 11-1 電磁波の呼称 [11]

[11] $1\,\text{nm} = 10^{-9}\,\text{m}$

■ 光波は，人間の目で感じることができる電磁波であり，**可視光**とも呼ばれる．正弦波の可視光を人間が眼で見るとき，その**波長の違いを光の色の違い**として感じる．この意味で正弦波の光波を**単色光**と呼ぶ．太陽光をはじめ，多くの光源から出される光である自然光は，多くの波束の集団であり，多くの単色光を含んだ光となっている．自然の豊かな色彩は，このようにして生まれている．太陽光などの場合は，可視領域の単色光をまんべんなく含んでいるので**白色光**と呼ばれる．

■ **電磁波の波動方程式**　ファラデーとマックスウェルにより電磁気学が完成されたが，**電磁場のマックスウェル方程式**と呼ばれる基本法則から，電磁波の波動方程式が導かれる．今，図11-4 のように，真空中を x 軸正の向きに進む電磁波で，**電場**は y 成分 E_y のみ，**磁場**は z 成分 H_z のみを持つ場合を考える．これらが，位置 x と時刻 t のみの関数とする．

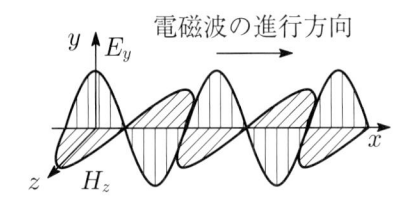

図 11-4 電磁波

$$E_y = E_y(x,t), \qquad H_z = H_z(x,t) \tag{11.21}$$

このとき，マックスウェル方程式から，電場 E_y と磁場 H_z は関係し合い，次の関係が成立する [12]．

$$\frac{\partial E_y}{\partial x} = -\mu_0 \frac{\partial H_z}{\partial t}, \qquad \frac{\partial H_z}{\partial x} = -\epsilon_0 \frac{\partial E_y}{\partial t} \tag{11.22}$$

[12] マックスウェル方程式は，電磁気学で学ぶが，ここではなぜ成り立つのかには触れず，以降の議論の前提とする．

この式は，磁場 H_z が時間的に変化すると電場 E_y が生じ，逆に電場 E_y が時間的に変化すると，磁場 H_z がつくられることを意味する．そして，これを繰り返しながら，電場と磁場の変化が電磁波として，空間に拡がっていくことが予測される．実際，マックスウェル方程式 (11.22) から，ただちに電場 E_y，磁場 H_z のそれぞれについての波動方程式が導かれる．

$$\frac{\partial^2 E_y}{\partial t^2} = c^2 \frac{\partial^2 E_y}{\partial x^2}, \qquad \frac{\partial^2 H_z}{\partial t^2} = c^2 \frac{\partial^2 H_z}{\partial x^2} \tag{11.23}$$

これが**電磁波の波動方程式**であり，c は真空中の電磁波の位相速度を表し

$$c = \frac{1}{\sqrt{\epsilon_0 \mu_0}} \tag{11.24}$$

で与えられる．光波は電磁波の一種であるから，c は真空中の光速である．

■ **光速** 式 (11.24) から真空中の光速を求めると，真空の誘電率と透磁率の値 $\epsilon_0 = 8.854 \times 10^{-12}\,\mathrm{C^2/N \cdot m^2}$, $\mu_0 = 4\pi \times 10^{-7}\,\mathrm{Wb^2/N \cdot m^2}$ を用いて

$$c = 2.998 \times 10^8 \,\mathrm{m/s} \tag{11.25}$$

が得られる．この**真空中の光速**の値 c は，波長によらず一定であり，**普遍定数**と呼ばれるとても重要な定数である．そのために，これを特別に c という文字で表す[13]．

例題 11.4 式 (11.24) を用いて，c の値を計算せよ．

■ **光の分散現象** 真空中を伝播する電磁波は，位相速度 c は波長によらず一定で，分散がない．しかし，物質を構成する粒子は電荷を持ち，いろいろな結合の仕方をしているため，その内部の電磁場は複雑である．そのため，透明物質内を電磁波が伝播するときは，一般に波長により位相速度は一定ではなく，そのため波長により屈折率が変わり，いわゆる**分散現象**が起こる．プリズムで，いろいろな波長の光を含んだ太陽光を分け，虹色の帯が見られることはよく知られている．

■ **正弦波** 電磁波の波動方程式 (11.23) の解で，波動関数が正弦関数により表される x 軸の正の向きに進む正弦波を取り上げる．電場の変化を

$$E_y = E_y(x, t) = E_0 \sin(kx - \omega t) \tag{11.26}$$

とすると，関係式 (11.22) から，磁場の変化は

$$H_z = H_z(x, t) = \sqrt{\frac{\epsilon_0}{\mu_0}} E_0 \sin(kx - \omega t) \tag{11.27}$$

となり，電場と磁場の位相は等しい．したがって，この場合には，図 11-4 に表すような伝播の仕方をする．この図のように，電磁波の進行方向と，電場と磁場の変化の方向は，それぞれ互いに直交している．電磁波の進行する直線上に右ねじを置いて，電場の向きから磁場の向きに右ねじを回すと，右ねじの進む方向が電磁波の進行方向であるようになっている．

11.2.2 偏光

■ **偏光** 電磁波は，進行方向に垂直な電磁場の成分が振動するのであるから，明らかに横波である．さらに，電場と磁場はそれぞれベクトルであ

[13] 国際単位系 SI では，真空中の光が時間 $1/299792458\,\mathrm{s}$ の間に進む距離を $1\,\mathrm{m}$ と決め，真空中の光速 c を長さの単位を決める基準として取り扱っている．

るから，前項では触れていなかったが，電場の z 成分 E_z と，磁場の y 成分 H_y がそれぞれ対になって振動し伝播することもあることがわかる．したがって，正弦波の場合には，電場ベクトルの進行方向に直交する 2 つの成分がそれぞれ単振動をするのであるから，電場ベクトルは，それぞれの成分の大きさと位相差に応じて，一般には同一場所においては，波の進行方向に垂直な平面 S 上を楕円を描いて変化する．横波の 2 つの成分の取り合わせの違いを光の場合，**偏光**という言葉で表現する．上述の平面 S 上で電場の変化が直線状である場合を，**直線偏光**といい，円であるときを**円偏光**という．一般には**楕円偏光**である．

■ 光波の一方の成分のみを透過し，これに垂直な他の成分を透過しない透明板を**偏光板**という．任意の偏光状態の光でも，偏光板を透過させると直線偏光になる．図 11-5 のように，互いに直交する

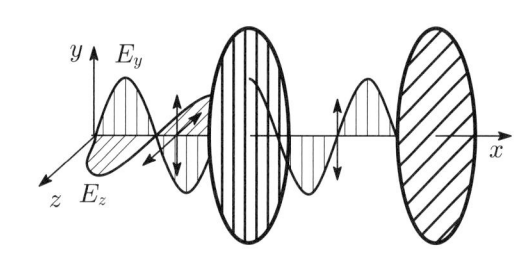

図 11-5 偏光板と光の偏り

ように重ねた偏光板は，当然，まったく光を透過しない．また，光源から放出される光（自然光）は，一般には偏光状態が互いに関係ない波束の集まりであるから，光全体では**偏りがない**という．

■ 光が水やガラスの表面で反射する場合には，電場が入射面に平行に振動する成分が反射されにくい．図 11-6 に，入射光・反射光・透過光の進行方向を直線と矢印で示し，その直線の上に，進行方向に垂直な上下方向に矢印で示した電場の振動方向と，紙面に垂直な方向の電場の振動を黒丸で表している．特に，入射角 θ が，水やガラスの屈折率を n として

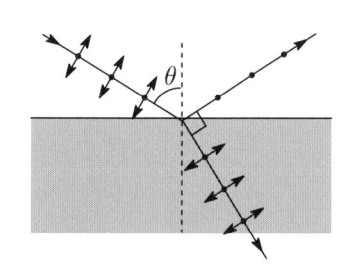

図 11-6 ブルースターの法則

$$\tan\theta = n \qquad (11.28)$$

を満たすとき，電場が入射面に平行に振動する成分はまったく反射されない．このため，自然光でも，この角度で反射した反射波は**完全偏光**となっている[14]．関係式 (11.28) を**ブルースターの法則**[15] という．入射角がそれ以外の場合でも，反射波のうちの電場が入射面に平行に振動する成分はより弱くなる．これを**部分偏光**という．

14) 光波のすべての構成部分が同一の向きの直線偏光になっているとき，完全偏光と呼ぶ．
15) ブルースター (1781-1868):イギリスの物理学者．

例題 11.5 屈折率が 1.33 である水の場合のブルースター角を求めよ．

11.2.3 光の干渉現象

干渉現象については，すでに波動一般に関する議論の中で，光についてもヤングの干渉実験を例として取り上げて述べた．ここでは，さらに別の例を取り上げよう．

■ **薄膜による干渉**　光の波長 λ 程度の厚み d で，屈折率 n の透明な薄膜に光を照射すると，図 11-7 のように，表面で反射する光と薄膜中に進んでから裏の表面で反射する光が重ね合わさって干渉を引き起こす．これが**薄膜による干渉**の現象である．図 11-7 のような，空気中の薄膜の場合は，

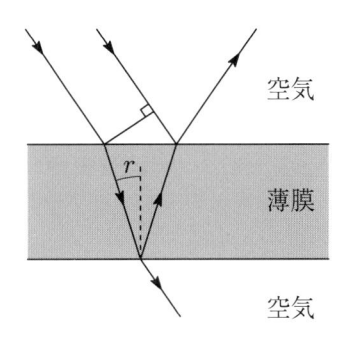

図 11-7 薄膜による干渉

薄膜の表面での反射の場合は固定端反射であり，位相は π だけ変化し，裏面での反射は自由端反射であり，位相変化はない[16]．2 つの反射光の間の相対的な位相の違いは，薄膜中の経路差によるものと，反射の際の位相変化の違いを考慮しなければならない．薄膜の屈折率を n とすると，薄膜中を伝わるときの波長 λ' が $\lambda' = \dfrac{\lambda}{n}$ であるため，入射光が屈折角 r で薄膜中を進んだときの薄膜中の経路差 Δl が，半波長 $\dfrac{\lambda'}{2}$ の奇数倍のときに，干渉の極大になる．つまり

$$\Delta l = 2d\cos r = (2m-1)\frac{\lambda'}{2}$$
$$\longrightarrow \quad 2nd\cos r = (2m-1)\frac{\lambda}{2} \qquad (m = 1, 2, 3, \cdots) \tag{11.29}$$

が成り立つとき，2 つの反射光が強め合って明るい光が観測される．水面上の油膜や，シャボン玉に自然光を当てた場合，複雑に色づいて見える．これは薄膜の場所によって膜厚 d が緩やかに変化していたり，膜を見る角度が変わるので，強め合う光の波長が異なってくるからである．

[16] 光が屈折率のより大きな媒質との境界で反射するときは固定端反射に対応し，反射光の位相は入射光の位相に比べ π だけ変化する．屈折率のより小さい媒質との境界で反射するときは自由端反射に対応し，反射光の位相変化はない．反射光を用いた干渉実験の干渉の極大・極小条件を判断するときにこの点を考慮しなければならない．

■ **空気くさびによる干渉**　図 11-8 のように，**反射板 OP** と**半反射板**[17] **OQ** を用いて，小さな傾き角 $\theta = \angle POQ$ の**空気くさび**を作り，上方から波長 λ の光を照射する．半反射板 OQ では，光の一部が反射し，一部は透過する．

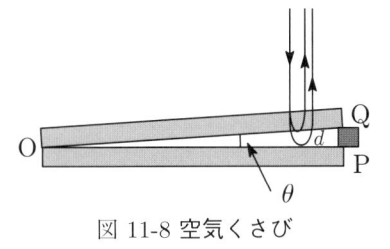

図 11-8 空気くさび

その透過光が下の反射板 OP で反射して再び外に出て，最初に OQ で反射した光と干渉するようにする．半反射板 OQ での反射光は，ガラスから空気への境界での反射であるから，自由端反射であり，位相変化はない．逆に反射板 OP での反射光は，空気からガラスへの境界での反射であるから，固定端反射であり，位相は π だけ変化する．今，図 11-8 のように，空

[17] 透明なガラス板で，照射された光をその表面でよく反射するようにし，鏡のようにすべてを反射するのではなく，一部は透過するようにしたものを半反射板という．

気くさびの厚みが d である場所での 2 つの反射光の干渉を考えよう．2 つの反射光が重なり合うまでの経路差は $\Delta l = 2d$ であり，2 つの反射光の反射の際の位相変化を考慮すると，経路差 Δl が波長 λ の整数倍となっていれば，2 つの反射波は打ち消し合うことがわかる．つまり，条件

$$\Delta l = 2d = m\lambda \longrightarrow d = \frac{m}{2}\lambda \qquad (m = 1, 2, 3, \cdots) \qquad (11.30)$$

を満たす位置では，2 つの反射光は弱め合って暗線となる．暗線の位置となる空気くさびの厚みは，正の整数 m の値を増やしていくと，それに従って増えていく．隣り合う暗線に対応する厚みの差は，整数 m を 1 だけ増やしたときの厚みの差であるから $\frac{1}{2}\lambda$ となる．したがって，空気くさびによる干渉縞の間隔は等間隔であり，その間隔 a は，関係式

$$a \tan\theta = \frac{1}{2}\lambda \qquad (11.31)$$

で決定される．

11.2.4 光の回折現象

回折現象については，すでに波動一般に関する議論の中で述べた．ここでは，もう少し詳しく調べてみよう．

■ **ホイヘンス・フレネルの原理** 第 7 章では，回折現象を理解するためにホイヘンスの原理を用いた．ホイヘンスの原理は，1 つの波面があるとき，その波面のすべての点から出る素元波の包絡面が，次の波面になると述べている．フレネル [18] は，さらに素元波の振幅を波動の進行方向によって違っていると考え，その上，「その後の波の波動関数がその無数の素元波の重ね合わせとして理解できる」と考えた．このようにホイヘンスの原理の拡張されたものを**ホイヘンス・フレネルの原理** [19] という．この原理を用いることによって，回折光の重ね合わせの結果の振幅を求め，これに基づく強度分布が実験結果をよく再現することがわかった．

[18] フレネル (1788-1827): フランスの物理学者．

[19] フレネルのこの考えに基づいて求められた波動関数が，後にキルヒホッフによって，光波の波動方程式を満足していることが確かめられ，厳密に成立する議論であることがわかった．

■ **スリットによる回折** 平面波をスリットに照射し，スリット通過後の波の強度をスクリーン上で調べる．実は，図 11-9 のようにスリットからの距離が変化すると観測される回折光の強度分布に変化が起こる．スクリーンまでの距離があまり大きくないときは，スクリーンにはほぼスリットの形の明るい部分が観測され

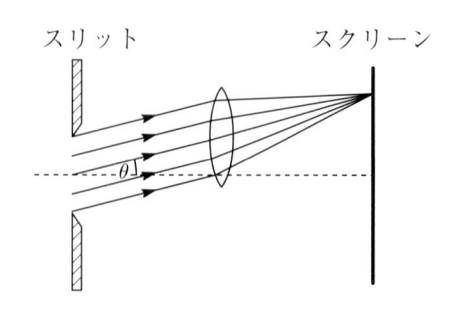

図 11-9 スリットによる回折

るが，その中にスリットと平行な明暗の縞模様が現れ，スリットの外側へ

の回折光が生じる．これを**フレネルの回折**という．他方，スクリーンまでの距離が大きくなると，スクリーンには，スリットの形とはまるで違う中心部分に極大があらわれ，その両側に弱い明暗の縞模様が観測される．これを**フランホーファーの回折**という．これらの結果は，ホイヘンス・フレネルの原理を用いて，スリットを通り抜けた素元波の合成波の波動関数を求めることによって，理論的に導くことができる．しかし，ここでは，結果を図 11-10 に図示するだけにする．また，フランホーファーの回折の場合，光の波長 λ，スリット幅 a と回折角 θ でつられる量 $\frac{a}{\lambda}\sin\theta$ が同じであれば，回折光の強度 I が同じであることが導かれる．したがって，同一のスリットの場合，波長が大きくなると回折角が大きい回折光が同一強度で生じることがわかる．同一条件において，波長の大きい方が，回折現象がよく観測されると述べた理論的根拠となる例となっている．

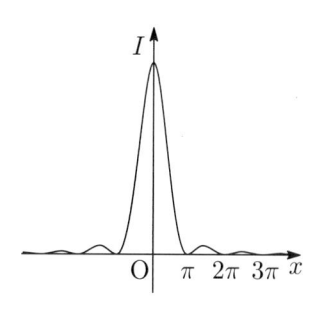

図 11-10 スリットによる回折の強度

例題略解

例題 11.1 $v = 331.5 + 0.6t = 331.5 + 0.6 \times 15 = 340.5\,\mathrm{m/s}$．

例題 11.2 音源の速さは $v_\mathrm{s} = (40 \times 10^3)/(60 \times 60) = 11\,\mathrm{m/s}$，したがって，音源が近づくときの振動数は $\nu' = \nu v/(v - v_\mathrm{s}) = 500 \times 340/(340 - 11) = 517\,\mathrm{Hz}$，音源が遠ざかるときの振動数は $\nu' = \nu v/(v + v_\mathrm{s}) = 500 \times 340/(340 + 11) = 484\,\mathrm{Hz}$．

例題 11.3 $v_\mathrm{s} = 2v$ であるから，$\sin\theta = v/v_\mathrm{s} = 1/2$．したがって，$\theta = \pi/6$．

例題 11.4 $c = 1/\sqrt{\epsilon_0 \mu_0} = 1/\sqrt{(8.854 \times 10^{-12}) \times (4\pi \times 10^{-7})} = 2.998 \times 10^8\,\mathrm{m/s}$．

例題 11.5 水の屈折率は $n = 1.33$ であるから，ブルースター角は $\theta = \arctan(1.33) = 53.1°$．

章末問題

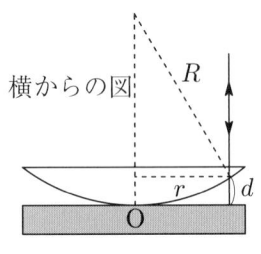

問題 11.1 音波が伝わるときの空気の変化は断熱変化であるが，もし等温変化であったとしたら，$pV = nRT = $ 一定 となるので，式 (11.6) と比較すると，$\gamma = 1$ としたときに対応する．この場合の摂氏温度 $t°C$ のときの音速 v' を求めよ．

問題 11.2 図 11-11 のように，表面が球面と平面からできている平凸レンズを平面ガラスの上にのせると，レンズの球面と平面ガラスの間に，傾き角が連続的に変わる空気くさびをつくることができる．上からレンズの平面に垂直に光を当てると，空気くさびの場合と同じように 2 つの反射光の間に干渉が起こる．そして，レンズと平面ガラスの接点を中心にして同心円状の干渉縞が生じる．これを，ニュートンリングという．照射した光の波長を λ，レンズの球面の半径を R すると，暗線のできる位置までの中心からの距離 x は

$$x = \sqrt{m\lambda R} \quad (m = 0, 1, 2, \cdots)$$

と表されることを示せ．このとき，位置 x での空気くさびの厚み d が，半径 R より十分小さいとする．

問題 11.3 x 軸の負方向に進む電磁波の場合にも電場の向きから磁場の向きに右ねじをまわすと，右ねじの進む方向が電磁波の進行方向になっている．これを確かめよ．

図 11-11 ニュートンリング

章末問題略解

第 2 章

問題 2.1 鉛直下向きに x 軸をとる．ばねの自然長から物体をつり下げたつり合いの位置までの伸びを x_0 とすれば，$kx_0 = mg$．つり合いの位置からさらに x だけ伸びたとき，物体に働く力は $f_x = mg - k(x_0 + x) = -kx$ となり，式 (2.1) と同じになるので，固有角振動数も $\omega_0 = \sqrt{k/m}$ と変わらない．

問題 2.2 式 (2.15) および式 (2.16) より
$$U = \frac{1}{2}kx^2 = \frac{1}{2}mA^2\omega_0^2\sin^2(\omega_0 t + \phi), K = \frac{1}{2}m\left(\frac{dx}{dt}\right)^2 = \frac{1}{2}mA^2\omega_0^2\cos^2(\omega_0 t + \phi)$$
力学的エネルギー $E = K + U = \frac{1}{2}mA^2\omega_0^2$ なので，K と U をそれぞれ周期 T_0 について平均すると
$$\frac{1}{T_0}\int_0^{T_0}\cos^2(\omega_0 t + \phi)dt = \frac{1}{2T_0}\int_0^{T_0}\{1 + \cos(2\omega_0 t + 2\phi)\}dt = \frac{1}{2},$$
$$\frac{1}{T_0}\int_0^{T_0}\sin^2(\omega_0 t + \phi)dt = \frac{1}{2T_0}\int_0^{T_0}\{1 - \cos(2\omega_0 t + 2\phi)\}dt = \frac{1}{2} \text{ より}$$
$$\overline{U} = \overline{K} = \frac{1}{4}mA^2\omega_0^2 = \frac{1}{2}E$$

第 3 章

問題 3.1 減衰振動の式 (3.16): $\xi = \xi(t) = Ae^{-\epsilon t}\sin(\omega t + \phi)$ より，速度は $\frac{dx}{dt} = A\{(-\epsilon)e^{-\epsilon t}\sin(\omega t + \phi) + \omega e^{-\epsilon t}\cos(\omega t + \phi)\}$ であるが，条件 $\epsilon \ll \omega$ より，第 1 項は無視することができ，また，$\omega \approx \omega_0$ であるから $\frac{dx}{dt} = A\omega e^{-\epsilon t}\cos(\omega_0 t + \phi)$ としてよい．以上から，減衰振動の力学的エネルギーは $E = \frac{1}{2}m\left(\frac{dx}{dt}\right)^2 + \frac{1}{2}m\omega_0^2 x^2 = \frac{1}{2}mA^2\omega_0^2 e^{-2\epsilon t}\{\cos^2(\omega t + \phi) + \sin^2(\omega_0 t + \phi)\} = e^{-2\epsilon t}E_0$ （ここで $E_0 = \frac{1}{2}mA^2\omega_0^2$） $\longrightarrow E = e^{-2\epsilon t}E_0$

問題 3.2 式 (3.49) および (3.50) から $\omega_f = \omega_0$ のとき $\delta = \pi/2$ である．また，$A_0 = \frac{f_0}{2\epsilon\omega_0}$ となる．$\epsilon \ll \omega_0$ のとき，式 (3.51) より，$x(t) = Ae^{-\epsilon t}\sin(\omega_0 t + \phi) - A_0\cos(\omega_0 t)$ となり $v_x(t) = \frac{dx}{dt} = -Ae^{-\epsilon t}\{\epsilon\sin(\omega_0 t + \phi) - \omega_0\cos(\omega_0 t + \phi)\} + A_0\omega_0\sin(\omega_0 t)$ と初期条件から $x(0) = A\sin\phi - A_0 =$

0, $v_x(0) = -A(\epsilon\sin\phi - \omega_0\cos\phi) \approx A\omega_0\cos\phi = 0$ より, $\phi = \pi/2$, $A = A_0$ と決まり, $x(t) = \frac{f_0}{2\epsilon\omega_0}(e^{-\epsilon t} - 1)\cos\omega_0 t$ となる.

第4章

問題 4.1 フーリエ級数展開に現れる sin 関数と cos 関数はそれぞれ奇関数, 偶関数である. したがって, 関数 $f(t)$ が奇関数, または偶関数の場合は, 係数計算の積分中の関数が, すべて, 奇関数, 偶関数のいずれかとなる. そして, 一般に奇関数 $g_{奇}(t)$ や偶関数 $g_{偶}(t)$ の場合には, a を任意の定数として, 区間 $[-a, a]$ での積分値は, それぞれ $\int_{-a}^{a} g_{奇}(t)dt = 0$, $\int_{-a}^{a} g_{偶}(t)dt = 2\int_{0}^{a} g_{偶}(t)dt$ である. これより, 問題の求める結果は明らかである.

問題 4.2 (1) $a_0 = T, a_n = 0, b_n = -\frac{T}{\pi n}$ を用いて $f(t) = \frac{a_0}{2} + \sum_{n=1}^{\infty} b_n \sin\left(\frac{2\pi n}{T}t\right)$
$= \frac{T}{2} - \frac{T}{\pi}\left\{\sin\left(\frac{2\pi}{T}t\right) + \frac{1}{2}\sin\left(\frac{4\pi}{T}t\right) + \frac{1}{3}\sin\left(\frac{6\pi}{T}t\right) + \cdots\right\}$

(2) $f(t)$ は奇関数であるため $a_0 = a_n = 0$,
$b_n = -\frac{T}{\pi n}\cos(\pi n) = \begin{cases} \dfrac{T}{\pi n} & (n: \text{奇数}) \\ -\dfrac{T}{\pi n} & (n: \text{偶数}) \end{cases}$ を用いて
$f(t) = \sum_{n=1}^{\infty} b_n \sin\left(\frac{2\pi n}{T}t\right) = \frac{T}{\pi}\left\{\sin\left(\frac{2\pi}{T}t\right) - \frac{1}{2}\sin\left(\frac{4\pi}{T}t\right) + \frac{1}{3}\sin\left(\frac{6\pi}{T}t\right) - \cdots\right\}$

(3) $f(t)$ は偶関数であるため $b_n = 0, a_0 = T/2$,
$a_n = \frac{T}{\pi^2 n^2}(\cos\pi n - 1) = \begin{cases} -\dfrac{2T}{\pi^2 n^2} & (n: \text{奇数}) \\ 0 & (n: \text{偶数}) \end{cases}$ を用いて
$f(t) = \frac{a_0}{2} + \sum_{n=1}^{\infty} a_n \cos\left(\frac{2\pi n}{T}t\right) = \frac{T}{4} - \frac{2T}{\pi^2}\left\{\cos\left(\frac{2\pi}{T}t\right) + \frac{1}{3^2}\cos\left(\frac{6\pi}{T}t\right) + \frac{1}{5^2}\cos\left(\frac{10\pi}{T}t\right)\cdots\right\}$

第5章

問題 5.1 $\xi(x, t) = A\sin(kx - \omega t) = A\sin\left\{2\pi\left(\frac{x}{\lambda} - \nu t\right)\right\}$
$= A\sin\left\{2\pi\left(\frac{x}{0.07} - 500t\right)\right\}$, $v = \lambda\nu = 0.07 \times 500 = 35\,\text{m/s}$,
$k = \frac{2\pi}{\lambda} \approx 90\,\text{m}^{-1}$

問題 5.2 波動関数を $\xi(x, t) = A\sin(kx - \omega_0 t + \phi)$ で表すと, $x = 0$ で $A(t)$ と一致しなければならないので,
$\xi(0, t) = A\sin(-\omega_0 t + \phi) = -A\sin(\omega_0 t - \phi) = A_0\sin(\omega_0 t)$ よって,
$A = -A_0$, $\phi = 0$. また, $k = \frac{\omega_0}{v}$ より, $\xi(x, t) = -A_0\sin\left(\frac{\omega_0}{v}x - \omega_0 t\right) =$

$$A_0 \sin\left(\frac{\omega_0}{v}x - \omega_0 t + \pi\right)$$

第 6 章

問題 6.1 式 (5.25) より $I = \frac{1}{2}v\sigma A^2\omega^2 = \frac{1}{2}\sqrt{\frac{\tau}{\sigma}}\sigma A^2\omega^2 = \frac{1}{2}\sqrt{\sigma\tau}A^2\omega^2$

第 7 章

問題 7.1 式 (7.26) を 3 次元の波動方程式 (7.8) の左辺に代入すると，(左辺) $= \frac{\partial^2 \xi(r,t)}{\partial t^2} = -\omega^2 \frac{A}{r}\sin(kr - \omega t + \phi)$ となる．一方，$\boldsymbol{\nabla}^2 \xi(r,t) = \frac{\partial^2 \xi(r,t)}{\partial r^2} + \frac{2}{r}\frac{\partial \xi(r,t)}{\partial r} = \frac{\partial^2}{\partial r^2}\left\{\frac{A}{r}\sin(kr - \omega t + \phi)\right\} + \frac{2}{r}\frac{\partial}{\partial r}\left\{\frac{A}{r}\sin(kr - \omega t + \phi)\right\} = -k^2 \frac{A}{r}\sin(kr - \omega t + \phi)$ となるため，(右辺) $= v^2 \boldsymbol{\nabla}^2 \xi(r,t) = -v^2 k^2 \frac{A}{r}\sin(kr - \omega t + \phi)$ となる．ここで，$v^2 k^2 = \omega^2$ だから，両辺が一致する．そのため，式 (7.26) は 3 次元の波動方程式 (7.8) の解である．

問題 7.2 凸レンズによる虚像では，図 7-18 中の相似な三角形についての幾何学的な関係から $\triangle$OPQ $\backsim$ $\triangle$OP'Q' $\longrightarrow$ $\dfrac{\overline{P'Q'}}{\overline{PQ}} = \dfrac{\overline{OP'}}{\overline{OP}} = \dfrac{b}{a}$，かつ $\triangle$FOB $\backsim$ $\triangle$FPQ $\longrightarrow$ $\dfrac{\overline{OB}}{\overline{PQ}} = \dfrac{\overline{FO}}{\overline{FP}} = \dfrac{f}{f-a}$ が得られる．そして，明らかに $\overline{OB} = \overline{P'Q'}$ であるから $\dfrac{\overline{P'Q'}}{\overline{PQ}} = \dfrac{b}{a} = \dfrac{f}{f-a}$ $\longrightarrow$ $f = \dfrac{ab}{b-a}$ なる関係が導かれる．これより関係式 (7.46) $\dfrac{1}{a} - \dfrac{1}{b} = \dfrac{1}{f}$ が成り立つ．

凹レンズによる虚像では，図 7-19 中の相似な三角形についての幾何学的な関係から $\triangle$OPQ $\backsim$ $\triangle$OP'Q' $\longrightarrow$ $\dfrac{\overline{P'Q'}}{\overline{PQ}} = \dfrac{\overline{OP'}}{\overline{OP}} = \dfrac{b}{a}$，かつ $\triangle$FOA $\backsim$ $\triangle$Q'BA $\longrightarrow$ $\dfrac{\overline{BA}}{\overline{OA}} = \dfrac{\overline{Q'B}}{\overline{FO}} = \dfrac{b}{f}$ が得られる．そして，明らかに $\overline{OA} = \overline{PQ}$ であり，$\overline{P'Q'} = \overline{OB}$ から $\overline{BA} = \overline{OA} - \overline{OB} = \overline{PQ} - \overline{P'Q'}$ から $1 - \dfrac{b}{a} = \dfrac{b}{b} - \dfrac{b}{a} = \dfrac{b}{f}$ よって，関係式 (7.47) $\dfrac{1}{a} - \dfrac{1}{b} = -\dfrac{1}{f}$ が成り立つ．

第 8 章

問題 8.1 一般に，関数 $y = f(x)$ の原点対称の関数は $x \to -x$, $y \to -y$ として，$-y = f(-x) \to y = -f(-x)$ である．よって，入射波 $\xi(x,t) = A\sin(kx - \omega t)$ の原点対称の関数は，

$$-\xi(-x,t) = -A\sin(-kx - \omega t) = A\sin(-kx - \omega t + \pi) = \xi'(x,t)$$

となるため，固定端での反射波 (8.23) と一致する．

問題 8.2　一般に，関数 $y=f(x)$ の y 軸対称の関数は，$x\to -x$ として，$y=f(-x)$ である．よって，入射波 $\xi(x,t)=A\sin(kx-\omega t)$ の y 軸対称の関数は，

$$\xi(-x,t)=A\sin(-kx-\omega t)=\xi'(x,t)$$

となるため，自由端での反射波 (8.31) と一致する．

第 9 章

問題 9.1　三角関数の公式 $\sin\theta_1\sin\theta_2=\{-\cos(\theta_1+\theta_2)+\cos(\theta_1-\theta_2)\}/2$ を用いると，$2\xi_1\xi_2=A_1A_2\{-\cos(-2\omega t+(2kx+\phi_1+\phi_2))+\cos(\phi_1-\phi_2)\}$ となる．右辺の括弧内の第 1 項の時間平均は 0 となり，第 2 項は定数なので，左辺の時間平均 $2\overline{\xi_1\xi_2}$ は，$A_1A_2\cos(\phi_1-\phi_2)$ で与えられる．

問題 9.2　波源が点 O, P にあるとし，2 点から水面上の点 Q までの距離をそれぞれ l_1, l_2 とすると，干渉の極大条件は，m を整数として $l_1-l_2=m\lambda$，極小条件は，$l_1-l_2=(m+1/2)\lambda$ である．そして，2 つの波源を結ぶ線分上では，条件 $l_1+l_2=5\lambda$ が成立するから，極小条件を満たす点の数は，$2l_1=(m+11/2)\lambda>0$, $2l_2=(-m+9/2)\lambda>0$ を満たす整数 m の数に等しい．この関係から $-11/2(=-5.5)<m<9/2(=4.5)$ であるから，これを満たすのは，$m=-5,-4,\cdots,4$．したがって，波が打ち消し合って振動しない点の数は 10 である．

第 10 章

問題 10.1　波動関数の複素指数関数表示 $\xi_1=Ae^{i(kx-\omega t)}$, $\xi_2=Ae^{i(kx+\omega t)}$ を用いると，

$$\begin{aligned}\xi=\xi_1+\xi_2&=A\{e^{i(kx-\omega t)}+e^{i(kx+\omega t)}\}=Ae^{ikx}\{e^{-i\omega t}+e^{i\omega t}\}\\&=Ae^{ikx}\{(\cos(\omega t)-i\sin(\omega t))+(\cos(\omega t)+i\sin(\omega t))\}\\&=Ae^{ikx}\{2\cos(\omega t)\}\end{aligned}$$

であり，この虚部をとると式 (10.11) が得られる．

問題 10.2　基本振動数は $\nu_1=5.0\times 10^2$ Hz，基本振動の波長は $\lambda_1=2.0\times 2=4.0$ m であるから，弦を伝わる波の速さは $v=\lambda_1\nu_1=5.0\times 10^2\times 4.0=2.0\times 10^3$ m/s である．弦の線密度を σ，張力を τ とすると，速さ v は $v=\sqrt{\tau/\sigma}$ で与えられる．したがって，$\tau=\sigma v^2=(6.0\times 10^{-3})\times(2.0\times 10^3)^2=2.4\times 10^4$ N.

問題 10.3　式 (10.47) からわかるように，正常分散の場合は，$\dfrac{dv_\phi}{d\lambda}>0$ であることがわかる．透明物質中の光波の屈折率は，$n=\dfrac{c}{v_\phi}$ であるから，

$\dfrac{dn}{d\lambda} < 0$ となり，波長の長い光の方が屈折率が小さいことになる．

第11章

問題 11.1 $\gamma = 1$ とした場合，標準状態での音速は $v'_0 = \sqrt{p_0/\rho_0} = 279.9\,\mathrm{m/s}$, よって, $v' = v'_0(1 + t/(2 \times 273)) = (279.9 + 0.5t)\,\mathrm{m/s}$. これは実測と一致しないので，音波が伝わるときの空気の変化は等温変化ではないことが確かめられる．

問題 11.2 位置 x での空気くさびの厚み d は, $d = R - \sqrt{R^2 - x^2} = R - R\sqrt{1 - (x/R)^2} \approx R - R\{1 - (x/R)^2/2\} = x^2/2R$ と近似できるので，空気くさびの暗線条件 (11.30): $d = x^2/2R = (m/2)\lambda$ を用いると $x = \sqrt{m\lambda R}$ $(m = 0, 1, 2, \cdots)$ が得られる．

問題 11.3 x 軸の負方向に進む電磁波の電場の変化を $E_y = E_0 \sin(kx + \omega t)$ と表すと，これと組になる磁場の変化 H_z は式 (11.22) を満たさなければならないので, $H_z = -\sqrt{\dfrac{\epsilon_0}{\mu_0}} E_0 \sin(kx + \omega t)$ である．したがって，電場の向きから磁場の向きに右ねじをまわすと，右ねじは x 軸の負方向に進行し，電磁波の進行方向と一致する．

付録

本文中の内容を記述するために利用した数学的な知識,単位および物理定数,ギリシャ文字についてここにまとめる.すでに本文中に記述されているが,利用するためにはまとめておいた方が良いと考えられる内容も再度掲載する.

三角関数
■ 定義

$$\sin\theta = \frac{y}{r}, \qquad \cos\theta = \frac{x}{r}, \tag{1}$$

$$\tan\theta = \frac{y}{x} = \frac{\sin\theta}{\cos\theta}, \tag{2}$$

$$\sin^2\theta + \cos^2\theta = 1 \tag{3}$$

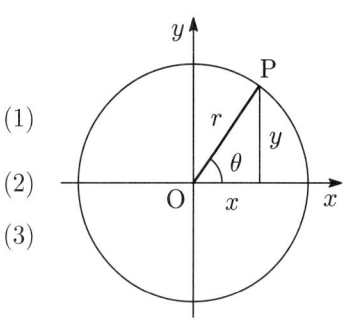

図 12-1 三角関数

■ 加法定理

$$\sin(\theta_1 \pm \theta_2) = \sin\theta_1 \cos\theta_2 \pm \cos\theta_1 \sin\theta_2, \tag{4}$$

$$\cos(\theta_1 \pm \theta_2) = \cos\theta_1 \cos\theta_2 \mp \sin\theta_1 \sin\theta_2 \tag{5}$$

また,$\theta_1 + \theta_2 = \phi_1$,$\theta_1 - \theta_2 = \phi_2$ とおいて,式 (4), (5) を用いると

$$\sin\phi_1 + \sin\phi_2 = 2\sin\frac{\phi_1+\phi_2}{2}\cos\frac{\phi_1-\phi_2}{2}, \tag{6}$$

$$\sin\phi_1 - \sin\phi_2 = 2\cos\frac{\phi_1+\phi_2}{2}\sin\frac{\phi_1-\phi_2}{2}, \tag{7}$$

$$\cos\phi_1 + \cos\phi_2 = 2\cos\frac{\phi_1+\phi_2}{2}\cos\frac{\phi_1-\phi_2}{2}, \tag{8}$$

$$\cos\phi_1 - \cos\phi_2 = -2\sin\frac{\phi_1+\phi_2}{2}\sin\frac{\phi_1-\phi_2}{2} \tag{9}$$

微分および積分
■ 三角関数,指数関数の微分公式

$$\frac{d}{dt}\sin t = \cos t, \qquad \frac{d}{dt}\cos t = -\sin t, \tag{10}$$

$$\frac{d}{dt}e^t = e^t \tag{11}$$

■ 三角関数，指数関数の積分公式

$$\int \sin t\, dt = -\cos t + C, \qquad \int \cos t\, dt = \sin t + C, \tag{12}$$

$$\int e^t dt = e^t + C \tag{13}$$

■ 微分の法則

$$\frac{d}{dt}\{x_1(t)x_2(t)\} = \frac{dx_1}{dt}x_2 + x_1\frac{dx_2}{dt} \quad (\text{積の微分}), \tag{14}$$

$$\frac{d}{dt}\{x(u(t))\} = \frac{dx}{du}\frac{du}{dt} \quad (\text{合成関数の微分}) \tag{15}$$

特に，$u(t) = at + b$ (a, b は定数) のとき

$$\frac{d}{dt}x(u) = a\frac{dx}{du} \tag{16}$$

■ 積分の法則

$$\int_a^b x_1 \frac{dx_2}{dt} dt = [x_1 x_2]_a^b - \int_a^b \frac{dx_1}{dt} x_2 dt \quad (\text{部分積分}) \tag{17}$$

$\int x(t)dt = X(t) + C$ で a, b が定数の場合

$$\longrightarrow \int x(at+b)dt = \frac{1}{a}X(at+b) + C \quad (\text{置換積分}) \tag{18}$$

複素数と複素平面

$x - y$ 平面上の点 (x, y) に複素数 $z = x + iy$ を対応させて，複素数を表現する．この $x - y$ 平面を複素平面と呼ぶ．

$$z = x + yi \quad (i \text{ は虚数単位で，} i^2 = -1), \tag{19}$$

複素数 z の絶対値: $|z| = |x + yi| = \sqrt{x^2 + y^2} = r, \tag{20}$

複素数 z の偏角: $\arg z = \theta \quad \left(\tan\theta = \frac{y}{x}\right) \tag{21}$

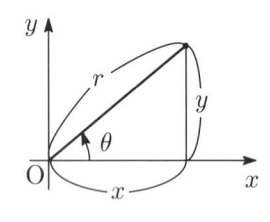

図 12-2 複素平面

■ オイラーの公式と複素数の極形式　複素指数関数と三角関数の間の関係を表すオイラーの公式

$$e^{i\theta} = \cos\theta + i\sin\theta \tag{22}$$

を用いると，$x = r\cos\theta$, $y = r\sin\theta$ より式 (19) で表される複素数を

$$z = r(\cos\theta + i\sin\theta) = re^{i\theta} \tag{23}$$

と表すことができる．これを複素数の極形式という．

■ 複素指数関数の性質

$$e^{i(y_1+y_2)} = \cos(y_1+y_2) + i\sin(y_1+y_2)$$
$$= (\cos y_1 \cos y_2 - \sin y_1 \sin y_2) + i(\sin y_1 \cos y_2 + \cos y_1 \sin y_2)$$
$$= (\cos y_1 + i\sin y_1)(\cos y_2 + i\sin y_2) = e^{iy_1}e^{iy_2}, \tag{24}$$

$$\frac{d}{dy}e^{iy} = \frac{d}{dy}\cos y + i\frac{d}{dy}\sin y = -\sin y + i\cos y$$
$$= i(\cos y + i\sin y) = ie^{iy} \tag{25}$$

テイラー展開

なめらかな関数 $f(x)$ の $x=0$ 近傍におけるテイラー展開は

$$f(x) = f(0) + \frac{1}{1!}\left.\frac{df}{dx}\right|_0 x + \frac{1}{2!}\left.\frac{d^2f}{dx^2}\right|_0 x^2 + \frac{1}{3!}\left.\frac{d^3f}{dx^3}\right|_0 x^3 + \cdots \tag{26}$$

[1] 下付き添え字0は，$x=0$ における値を示す．

これを用いると

$$\sin x = \sum_{n=0}^{\infty}\frac{(-1)^n}{(2n+1)!}x^{2n+1} = \frac{1}{1!}x - \frac{1}{3!}x^3 + \frac{1}{5!}x^5 - \cdots, \tag{27}$$

$$\cos x = \sum_{n=0}^{\infty}\frac{(-1)^n}{(2n)!}x^{2n} = 1 - \frac{1}{2!}x^2 + \frac{1}{4!}x^4 - \cdots, \tag{28}$$

$$e^x = \sum_{n=0}^{\infty}\frac{1}{n!}x^n = 1 + \frac{1}{1!}x + \frac{1}{2!}x^2 + \frac{1}{3!}x^3 + \cdots \tag{29}$$

フーリエ級数展開

■ フーリエ級数展開定理

$$f(t) = \frac{a_0}{2} + \sum_{n=1}^{\infty}\left\{a_n\cos\left(\frac{2\pi n}{T}t\right) + b_n\sin\left(\frac{2\pi n}{T}t\right)\right\} \tag{30}$$

ただし，式 (30) において

$$a_0 = \frac{2}{T}\int_0^T f(t)dt, \tag{31}$$

$$a_n = \frac{2}{T}\int_0^T f(t)\cos\left(\frac{2\pi n}{T}t\right)dt, \tag{32}$$

$$b_n = \frac{2}{T}\int_0^T f(t)\sin\left(\frac{2\pi n}{T}t\right)dt \tag{33}$$

三角関数の直交性

$$\int_0^T \sin\left(\frac{2\pi n}{T}t\right)dt = 0, \qquad \int_0^T \cos\left(\frac{2\pi n}{T}t\right)dt = 0, \tag{34}$$

$$\int_0^T \sin\left(\frac{2\pi m}{T}t\right)\cdot\sin\left(\frac{2\pi n}{T}t\right)dt = \begin{cases} \dfrac{T}{2} & (m=n) \\ 0 & (m\neq n) \end{cases}, \tag{35}$$

$$\int_0^T \sin\left(\frac{2\pi m}{T}t\right)\cdot\cos\left(\frac{2\pi n}{T}t\right)dt = 0, \tag{36}$$

$$\int_0^T \cos\left(\frac{2\pi m}{T}t\right)\cdot\cos\left(\frac{2\pi n}{T}t\right)dt = \begin{cases} \dfrac{T}{2} & (m=n) \\ 0 & (m\neq n) \end{cases} \tag{37}$$

■ **フーリエ級数展開の係数の導出** 三角関数の直交性を用いると，フーリエ級数の展開級数を導出することができる．まず，フーリエ級数展開式 (30) そのものを区間 $[0,T]$ で時間平均し，直交関係 (34) を用いると

$$\begin{aligned}&\frac{1}{T}\int_0^T f(t)\,dt \\ &= \frac{1}{T}\int_0^T \left[\frac{a_0}{2} + \sum_{n=1}^{\infty}\left\{a_n\cos\left(\frac{2\pi n}{T}t\right) + b_n\sin\left(\frac{2\pi n}{T}t\right)\right\}\right]dt \\ &= \frac{1}{T}\int_0^T \frac{a_0}{2}dt = \frac{a_0}{2}\end{aligned}$$

となり，a_0 が求められる．同様に，式 (30) に $\cos\left(\dfrac{2\pi m}{T}t\right)$ を掛けて時間平均をとり，三角関数の直交関係 (34), (36), (37) を用いると a_n が，(30) に $\sin\left(\dfrac{2\pi m}{T}t\right)$ を掛けて時間平均をとり，三角関数の直交関係 (34), (35), (36) を用いると b_n が導き出される．

単位系

■ **国際単位 (SI) の基本単位**

物理量	単位	名称	物理量	単位	名称
長さ	m	メートル	熱力学的温度	K	ケルビン
質量	kg	キログラム	物質量	mol	モル
時間	s	秒	光度	cd	カンデラ
電流	A	アンペア	平面角	rad	ラジアン
			立体角	sr	ステラジアン

■ この講義ノートに出てくる誘導単位

物理量	単位
速度, 速さ	m/s
加速度	m/s^2
力	kg·m/s^2 = N (ニュートン)
仕事, エネルギー	kg·m^2/s^2 = N·m = J (ジュール)
圧力	kg/(m·s^2) = N/m^2 = Pa (パスカル)
振動数, 角振動数	1/s = Hz (ヘルツ)

■ 単位の接頭語

テラ (terra)	T	10^{12}	デ シ (deci)	d	10^{-1}
ギガ (giga)	G	10^{9}	センチ (centi)	c	10^{-2}
メガ (mega)	M	10^{6}	ミ リ (milli)	m	10^{-3}
キ ロ (kiro)	k	10^{3}	マイクロ (micro)	μ	10^{-6}
ヘクト (hecto)	h	10^{2}	ナ ノ (nano)	n	10^{-9}
デ カ (deca)	da	10^{1}	ピ コ (pico)	p	10^{-12}

ギリシャ文字

小文字	英語表記	カタカナ表記	小文字	英語表記	カタカナ表記
α	alpha	アルファ	ν	nu	ニュー
β	beta	ベータ	ξ	xi	グザイ
γ	gamma	ガンマ	o	omicron	オミクロン
δ	delta	デルタ	π	pi	パイ
ϵ	epsilon	イプシロン	ρ	rho	ロー
ζ	zeta	ゼータ	σ	sigma	シグマ
η	eta	イータ	τ	tau	タウ
θ	theta	シータ	υ	upsilon	ウプシロン
ι	iota	イオタ	ϕ	phi	ファイ
κ	kappa	カッパ	χ	chi	カイ
λ	lambda	ラムダ	ψ	psi	プサイ
μ	mu	ミュー	ω	omega	オメガ

ギリシャ文字の小文字は物理量を表すのによく使われるので, この講義ノートで使われていなくても全部あげた. 大文字は省略したが, この講義ノートで使われている大文字は Δ (デルタ), Σ (シグマ) のみである.

索 引

あ行

暗線 86
位相 9, 40
位相差 52, 85
位相速度 40, 99
位相定数 10, 40
位相の遅れ 26
うなり 31
n 倍振動 32, 96
エネルギー透過率 79
エネルギー反射率 79
エネルギー密度 72
円偏光 110
オイラーの公式 13
凹レンズ 65
音波 36, 103

か行

開管 97
開管の固有振動 97
開口端補正 97
回折 88
回折格子 88
回折条件 89
角振動数 10, 40
過減衰 18, 21
重ね合わせの原理 51
可視光 108
干渉 52, 83
干渉項 84
干渉縞 85, 86
干渉性 87
完全偏光 110
緩和時間 20
気柱 96

基本角振動数 92
基本振動 32, 96
基本波数 92
球面波 55, 59
境界条件 94
共振 26
強制振動 22
強制振動項 24
共鳴 26
鏡面反射 62
極小条件 85
極大条件 85
虚像 67
空気くさび 111
屈折 61
屈折角 63
屈折の法則 63
屈折波 63
屈折率 64, 101
群速度 100
経路差 85
減衰因子 19
減衰振動 17–19
減衰振動項 24
減衰率 20
弦の固有振動 96
光軸 65
格子定数 88
合成波 51
光波 108
固定端 73
固有角振動数 10, 96
固有周期 10
固有振動数 10, 96

さ行

実関数方程式 13
実像 66
射線 61
周期 10, 19, 40
周期的な波動 91
自由端 73
主極大 89
衝撃波 107
状態方程式 104
焦点 65
焦点距離 66
初期位相 10
真空中の光速 109
進行波 37
振動 7, 37
振動数 10, 40
振動のエネルギー密度 42
振幅 9, 40
振幅透過率 79
振幅反射率 79
正弦波 38, 57
正常分散 101
正の干渉 84
正立像 67
赤方偏移 106
絶対屈折率 64
線形性 51
線形同次方程式 23
線形非同次方程式 23
線形微分方程式 8
全反射 64
相対屈折率 63
疎密波 36, 103

た行

対数減衰率 20
楕円偏光 110
縦波 36, 103
単色光 101, 108
単振動 7

弾性 48
弾性体 36, 48
弾性波 36
断熱変化 104
超音波 105
調和振動 7
直線偏光 110
定圧モル比熱 104
定在波 93
定常波 91, 93
定積モル比熱 104
電磁波 36, 107
電磁波の波動方程式 109
透過 61
透過波 62
倒立像 66
独立性 53
ドップラー効果 106
凸レンズ 65

な行

2倍振動 32, 96
入射角 61
入射波 61

は行

媒質 35
倍率 67
白色光 101, 108
薄膜による干渉 111
波形 37
波形関数 91
波源 46
波数 40
波数ベクトル 57
波束 91, 98
波長 40
波動 35
波動関数 37
波動の強度 42, 73, 83
波動方程式 45
ばね振り子 7

波面 55
腹 93
反射 61
反射角 61
反射の法則 62
反射波 61
反射板 111
半反射板 111
比熱比 104
フーリエ級数展開定理 32
複素関数 12
複素関数方程式 13
複素指数関数 13
節 93
フックの法則 48
負の干渉 84
部分偏光 110
フランホーファーの回折 .. 113
ブルースターの法則 110
フレネルの回折 113
分光器 89
分散 101
分散関係 101
分散現象 109
閉管 96
閉管の固有振動 96
平面波 55
偏光 110
偏光板 110
ポアッソンの式 104
ホイヘンス・フレネルの原理 .. 112
ホイヘンスの原理 60, 87

ま行
明線 86

や行
ヤング 85
ヤングの干渉実験 84
ヤング率 48
横波 36

ら行
乱反射 62
理想気体 104
粒子線強度 84
臨界角 64
臨界減衰 18, 22
レンズの公式 66
連続体 35

memo

memo

memo

memo

著者紹介

岡田静雄（おかだ　しずお）
1966年　名古屋大学大学院工学研究科応用物理学専攻修士課程修了
現　在　愛知工業大学名誉教授，工学修士
専　攻　応用物理学
著　書　『大学課程 物理学 第2版』（共著，共立出版，1989）
　　　　『物理実験指導書』（共著，学術図書出版社，2004）
　　　　『力学講義ノート』（共著，共立出版，2009）

服部忠一朗（はっとり　ちゅういちろう）
1970年　名古屋大学大学院理学研究科物理学専攻博士課程修了
現　在　愛知工業大学名誉教授
　　　　理学博士
専　攻　素粒子理論
著　書　『大学課程 物理学 第2版』（共著，共立出版，1989）
　　　　『物理実験指導書』（共著，学術図書出版社，2004）
　　　　『力学講義ノート』（共著，共立出版，2009）

高木　淳（たかぎ　あつし）
1998年　名古屋大学大学院工学研究科結晶材料工学専攻博士後期課程修了
現　在　愛知工業大学基礎教育センター自然科学教室教授
　　　　博士（工学）
専　攻　材料工学
著　書　『物理実験指導書』（共著，学術図書出版社，2004）
　　　　『力学講義ノート』（共著，共立出版，2009）

村中　正（むらなか　ただし）
1994年　金沢大学大学院自然科学研究科物質科学専攻博士課程修了
現　在　愛知工業大学基礎教育センター自然科学教室教授
　　　　博士（理学）
専　攻　物性理論
著　書　『物理実験指導書』（共著，学術図書出版社，2004）
　　　　『力学講義ノート』（共著，共立出版，2009）

振動・波動 講義ノート *Lecture Notes on Oscillations and Waves* 2012年11月15日　初版1刷発行 2021年 2月10日　初版9刷発行 検印廃止 NDC 424 ISBN 978-4-320-03492-1	著　者　岡田静雄・服部忠一朗　ⓒ 2012 　　　　高木　淳・村中　正 発行者　南條光章 発行所　**共立出版株式会社** 〒112-0006 東京都文京区小日向4丁目6番19号 電話（03）3947-2511（代表） 振替口座 00110-2-57035番 URL　www.kyoritsu-pub.co.jp 印　刷　大日本法令印刷 製　本　協栄製本 　　　　一般社団法人　自然科学書協会　会員 Printed in Japan

JCOPY ＜出版者著作権管理機構委託出版物＞
本書の無断複製は著作権法上での例外を除き禁じられています．複製される場合は，そのつど事前に，出版者著作権管理機構（TEL：03-5244-5088，FAX：03-5244-5089，e-mail：info@jcopy.or.jp）の許諾を得てください．

物理学の諸概念を色彩豊かに図像化！　《日本図書館協会選定図書》

カラー図解 物理学事典

Hans Breuer［著］　Rosemarie Breuer［図作］
杉原　亮・青野　修・今西文龍・中村快三・浜　満［訳］

ドイツ Deutscher Taschenbuch Verlag 社の『dtv-Atlas 事典シリーズ』は，見開き２ページで一つのテーマ（項目）が完結するように構成されている。右ページに本文の簡潔で分かり易い解説を記載し，左ページにそのテーマの中心的な話題を図像化して表現し，本文と図解の相乗効果で，より深い理解を得られように工夫されている。これは，類書には見られない『dtv-Atlas 事典シリーズ』に共通する最大の特徴と言える。本書は，この事典シリーズのラインナップ『dtv-Atlas Physik』の日本語翻訳版であり、基礎物理学の要約を提供するものである。
内容は，古典物理学から現代物理学まで物理学全般をカバーし，使われている記号，単位，専門用語，定数は国際基準に従っている。

【主要目次】　はじめに（物理学の領域／数学的基礎／物理量，SI単位と記号／物理量相互の関係の表示／測定と測定誤差）／力学／振動と波動／音響／熱力学／光学と放射／電気と磁気／固体物理学／現代物理学／付録（物理学の重要人物／物理学の画期的出来事／ノーベル物理学賞受賞者）／人名索引／事項索引…■菊判・ソフト上製・412頁・本体5,500円（税別）

ケンブリッジ物理公式ハンドブック

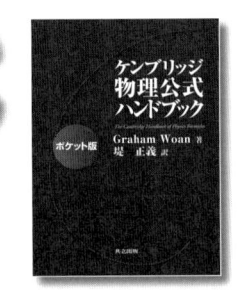

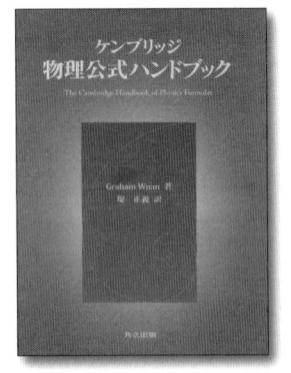

Graham Woan［著］／堤　正義［訳］

『ケンブリッジ物理公式ハンドブック』は，物理科学・工学分野の学生や専門家向けに手早く参照できるように書かれたハンドブックである。数学，古典力学，量子力学，熱・統計力学，固体物理学，電磁気学，光学，天体物理学など学部の物理コースで扱われる2,000以上の最も役に立つ公式と方程式が掲載されている。
詳細な索引により，素早く簡単に欲しい公式を発見することができ，独特の表形式により式に含まれているすべての変数を簡明に識別することが可能である。オリジナルのＢ５判に加えて，日々の学習や復習，仕事などに最適な，コンパクトで携帯に便利なポケット版（Ｂ６判）を新たに発行。

【主要目次】　単位，定数，換算／数学／動力学と静力学／量子力学／熱力学／固体物理学／電磁気学／光学／天体物理学／訳者補遺：非線形物理学／和文索引／欧文索引
■Ｂ５判・並製・298頁・本体3,300円（税別）■Ｂ６判・並製・298頁・本体2,600円（税別）

（価格は変更される場合がございます）　**共立出版**　http://www.kyoritsu-pub.co.jp/